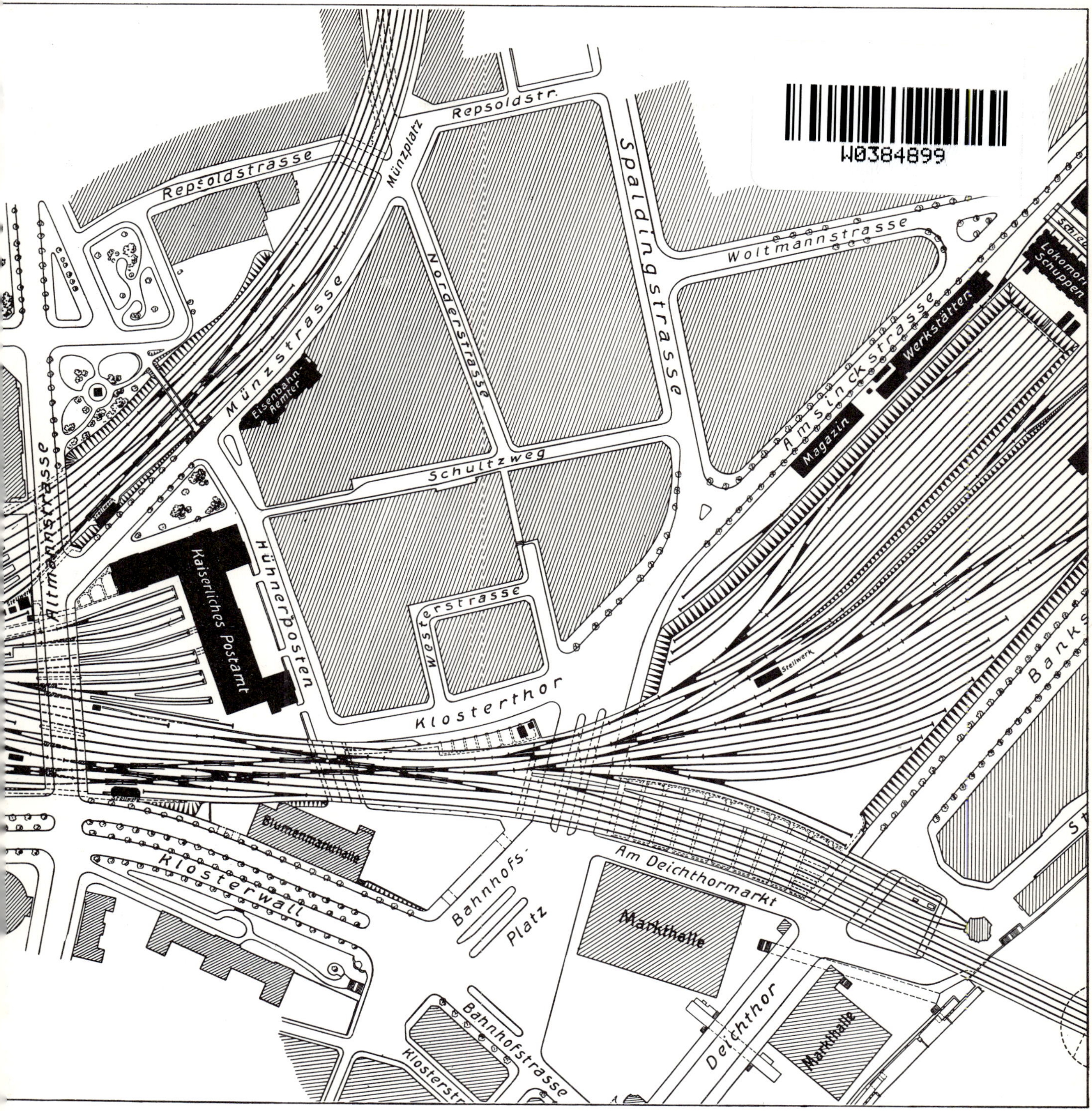

Repsoldstrasse
Repsoldstr.
Münzplatz
Spaldingstrasse
Woltmannstrasse
Münzstrasse
Norderstrasse
Eisenbahn-Aemter
Amsinckstrasse
Werkstätten
Schuppen
Magazin
Schultzweg
Kaiserliches Postamt
Hühnerposten
Westerstrasse
Klosterthor
Altmannstrasse
Stellwerk
Blumenmarkthalle
Klosterwall
Bahnhofs-Platz
Am Deichthormarkt
Markthalle
Deichthor
Markthalle
Bahnhofstrasse

1781

Erich Staisch

Hauptbahnhof Hamburg

Geschichte der Eisenbahn in Norddeutschland

Hoffmann und Campe

Einband: Gestaltung Wolfgang Ermisch, Hamburg, unter Verwendung der Fotos von Toni Schneiders, Lindau (Drehscheibe in Altona), Hans Böhlke, Hamburg (Hamburger Hauptbahnhof heute – Autotransportzug auf dem Hindenburgdamm – Gleisharfe im Rangierbahnhof Maschen), DB-Archiv (Dampflok der Baureihe 42) und einer Lithographie aus dem Museum für Hamburgische Geschichte (Ansicht des ersten Hamburger Bahnhofs)

Bildauswahl
Elisabeth Staisch, Wedel

Bildnachweis
Staatsarchiv Hamburg: 17, 19, 24, 26, 30, rechts, 31, 42(2), 65, 66, 70 oben, 73, 76, 86, 126 unten; *Museum für Hamburgische Geschichte:* 12, 13, 16, 18, 25, 27, 28, 40, 41(2), 43, 45, 46 *DB-Archiv:* 59, 101, 112, 117, 118, 148, 149 *Baubehörde Hamburg:* 14 links, 123, 129, 130 *Staatliche Landesbildstelle Hamburg:* 88, 96, 116, 124 *Altonaer Museum/Norddeutsches Landesmuseum:* 22(2), 23 oben *Firmenarchiv Talbot:* 153(2) *Museum für Kunst und Gewerbe:* 114, 122 *Elbschiffahrtsmuseum Lauenberg:* 32 unten, 33 *Stadtarchiv Lüneburg:* 32 oben, 47 oben *Stadtarchiv Cuxhaven:* 49 *Landesarchiv Schleswig:* 26 *Benno Wiesmüller, Hamburg:* 133 *Amt für Hafen, Schiffahrt und Verkehr (Strom- und Hafenbau):* Rücksatzmotiv

Alle nicht aufgeführten Bilder (einschl. des Vorsatzmotivs) stammen aus der Sammlung des Verfassers, dessen Dank für zahlreiche Fotos speziell Walter Hollnagel, Hamburg, gilt.

CIP-Kurztitelaufnahme der Deutschen Bibliothek

Hauptbahnhof Hamburg : Geschichte d. Eisenbahn
in Norddeutschland / Erich Staisch. – 1. Aufl. –
Hamburg : Hoffmann und Campe, 1981.
ISBN 3-455-08768-X

NE: Staisch, Erich [Hrsg.]

Gesetzt aus der Times-Antiqua
Satzherstellung Fotosatz Otto Gutfreund, Darmstadt
Druck- und Bindearbeiten Kleins Druck- und Verlagsanstalt GmbH, Lengerich
Printed in Germany

Inhalt

Vorwort

Schon in den Anfangsjahren der Eisenbahn kannte man in aller Welt die Begriffe »Hauptbahnhof« oder »Centralbahnhof«. Die Bedeutung bestimmter Bahnhöfe gegenüber anderen Bahnanlagen derselben Region war damit klar hervorgehoben.
Erich Staisch unterstreicht in seinem Buch die insofern wohl einmalige Situation Hamburgs, als es hier neben dem allseits bekannten, im Zentrum der Stadt gelegenen Hauptbahnhof eine Reihe weiterer Bahnhöfe von besonderem Rang gibt. Der Haupthafenbahnhof Hamburg Süd, Hamburg Hauptgüterbahnhof, Hamburg–Altona (bis 1937 noch »Altona Hbf«) oder der neue Rangierbahnhof Maschen vor den Toren Hamburgs erfüllen jeweils arteigene »Hauptbahnhofs-Aufgaben«. Sie spiegeln damit zugleich die Vielfalt der Anforderungen an die Eisenbahn wider, denen es im Hamburger Wirtschaftsraum gerecht zu werden gilt.
Daneben zeigt dieses Buch den Hamburger Hauptbahnhof gewissermaßen als Symbol für die Funktion Hamburgs als herausragender Eisenbahnknoten im Norden der Bundesrepublik Deutschland. Hamburg liegt heute im Schnittpunkt wichtiger nationaler und internationaler Eisenbahnverbindungen. Der Leser vermag anhand der interessanten Schilderung nachzuvollziehen, wie sich die Eisenbahn der ständig gewachsenen Ausstrahlung des Hamburger Wirtschaftsraums angepaßt hat, die in besonderem Maße durch den Hamburger Hafen geprägt wird.
Erich Staisch ist mehrere Jahre lang als Eisenbahner im Hamburger Hauptbahnhof tätig gewesen. Er kennt diesen Bahnhof, und der Leser wird spüren, daß dieses Buch ein Fachmann geschrieben hat. Dem Autor ist es gelungen, das umfangreiche Material in eine auch für Laien leicht verständliche und anschauliche Darstellung umzusetzen. Die Geschichte des Hamburger Hauptbahnhofs ist dabei der rote Faden, an dem Daten und Geschehnisse orientiert werden und der dieses Buch zu einer überschaubaren Zusammenfassung der Eisenbahnentwicklung in Norddeutschland macht.
Die historische Darstellung mündet in einen Überblick über die moderne Eisenbahn im Hamburger Wirtschaftsraum und das Bemühen der Deutschen Bundesbahn, eine marktgerechte und leistungsfähige Verkehrsbedienung für diese Region auch in Zukunft zu sichern. Der umfassende Inhalt und die sorgfältige Auswahl der Bilder vereinigen sich zu einem lebendigen Lexikon der Eisenbahn in Norddeutschland, das als Nachschlagewerk ebenso geeignet ist wie zur spannenden Lektüre.
Ich beglückwünsche Verlag und Autor zu diesem Buch.

Dipl.-Ing. Herbert Heise
Präsident der Bundesbahndirektion Hamburg

Der Bahnhof Büchen um 1855, Eisenbahnschnittpunkt für die Strecken Hamburg–Berlin und Lübeck–Büchen–Lauenburg

Die Baujahre

Frühe Träume von der Eisenbahn

»Ich bin zuversichtlich, daß eine Eisenbahnlinie, auf der meine Lokomotiven fahren können, einem Kanal an Schnelligkeit weit überlegen ist. Auf einer langen und günstigen Strecke, möchte ich wetten, könnten meine Maschinen hundert Meilen am Tage mit 40 bis 60 Tonnen Frachtgut zurücklegen.« So sprach George Stephenson, nachdem seine ersten Lokomotiven in England in Betrieb gesetzt worden waren, und es ist sicher, daß in einer so anglophilen Stadt wie Hamburg jene Behauptung nicht ohne Erstaunen und Nachdenken aufgenommen wurde; ging es doch gerade hier seinerzeit vor allem um die Fortentwicklung der traditionsreichen Zusammenarbeit zwischen Hamburg und Lübeck, den beiden Stapelplätzen an der Nordsee und an der Ostsee. Beide Städte waren

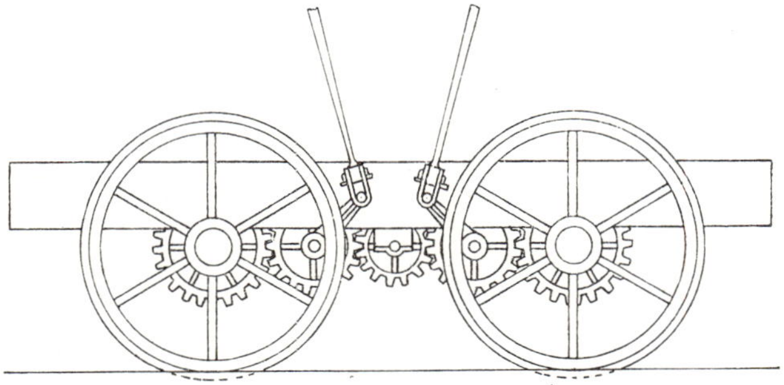

Stephensons Zahnradantrieb für seine erste Lokomotive »Mylord« von 1814

mit Seeschiffen über die Elbe oder die Trave zu erreichen. Ein leistungsfähiges Bindeglied aber fehlte. Der sich damals stetig ausweitende Welthandel zwischen Rußland und Skandinavien einerseits und England, den Kolonien und Amerika andererseits rief förmlich nach einer Verbesserung der Verkehrswege zwischen Ost- und Nordsee. Eine Eisenbahn, so wie von Stephenson prahlerisch angeboten, schien genau das Richtige, um einen grundlegenden Wandel herbeizuführen.
Stellen wir uns einmal die damalige Situation vor:
Der natürliche Wasserweg um Jütland herum kostete 200 Meilen Umweg und darüber hinaus den beträchtlichen Sundzoll an das Königreich Dänemark. Dann gab es den in den Jahren 1777 bis 1784 gebauten Eiderkanal, Holsteiner oder auch Schleswig-Holsteiner Kanal genannt, der die Levensaue bei Kiel mit der Obereider bei Voorde/Rendsburg verband. Da er aber nur von Schiffen bis zu 9 Fuß Tiefgang befahren werden konnte und die Durchfahrt 8 bis 14 Tage dauerte, war er für eilige Sendungen ebenso ungeeignet wie die Sundpassage. Trotzdem haben in den Jahren 1827–29 rund 1260 Schiffe im Jahresschnitt diesen Kanal passiert.
Der aus dem 14. Jahrhundert stammende Stecknitzkanal zwischen Lübeck und Lauenburg/Elbe wurde zwar von 1821 bis 1823 dem vermehrten Warenaufkommen entsprechend verbessert, jedoch mit nur geringem Erfolg, denn das eigentliche Hindernis, der beträchtliche Höhenunterschied von 6 cm unter Null

bei Lübeck bis auf 16,66 Meter über Null auf dem Scheitelpunkt, dem sogenannten Delvenaugraben, bis schließlich 3,7 Meter über NN bei Lauenburg/Elbe, konnte auch durch den Umbau nicht beseitigt werden. Nicht weniger als 17 Schleusen mit den geringen Abmessungen von 22,8 mal 4,6 Metern erlaubten nur den Verkehr von Schiffen bis zu 37,5 Tonnen. Je nach Wasserstand dauerte die Durchfahrt von Lübeck bis zur Elbe 10 bis 20 Tage.

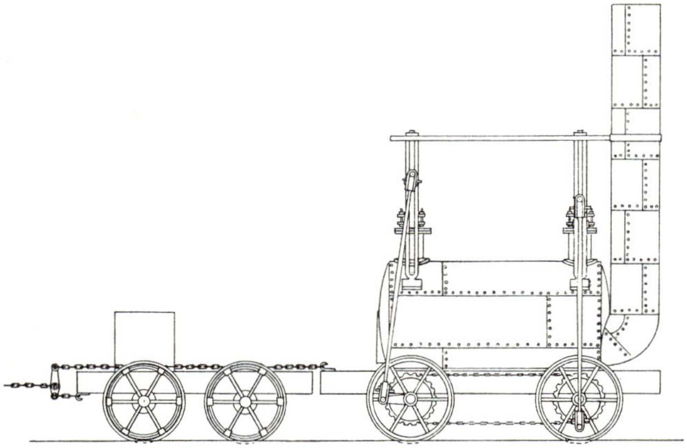

Stephensons zweite Lokomotive von 1815 mit endlosem Kettenantrieb

Nicht unerwähnt sollte eine recht altertümliche, aber bis heute nicht vergessene Wasserstraße zwischen Hamburg und Lübeck bleiben: der Alster-Trave-Kanal. 1425 wurde zwar nach vierjähriger Bauzeit das Projekt wegen Geldmangels wieder eingestellt. Aber der Gedanke lebte fort, und 100 Jahre später, 1529, konnte diese künstliche Wasserstraße endlich eröffnet werden. Die wechselnden Wasserstände, die komplizierten Schleusenwerke und ungünstige Strömungsverhältnisse, die Kosten für die Erhaltung und Betriebsführung machten aber schon bald seine Benutzung unrentabel, so daß nach 25 Jahren der Kanal wieder versandete. Eine Straße in Hamburg, der »Leinpfad«, von dem aus früher die Schiffe getreidelt, das heißt an Leinen gezogen wurden, erinnert noch an diesen unrühmlichen Kanal.

All diese Wasserstraßen, jede in ihrer Weise unzureichend, beflügelten die Debatte um die neue Eisenbahn, das um so mehr, da der Handelsaustausch zwischen den beiden Hansestädten durch einen verkehrspolitischen Schritt Dänemarks eine empfindliche Bedrohung erfuhr. Durch den Bau der ersten Kunststraße (Chaussee) in Norddeutschland zwischen Altona und Kiel 1832 versuchte Dänemark, auf Kosten Lübecks den Warenverkehr auf der Ostsee nach Kiel umzulenken. Das allerdings stellte sich als eine Fehlspekulation heraus. Daraufhin trat 1838 eine neue dänische Zollverordnung in Kraft, wonach der gesamte Warenverkehr zwischen Elbe und Ostsee mit hohem Zoll belegt wurde, sofern nicht binnenländische Interessen vorlagen.

Der Lübecker Emil Müller machte sich zum Sprachrohr der gesamten betroffenen Lübecker Kaufmannschaft. Schon 1831 hatte er ahnungsvoll auf die Wichtigkeit einer Eisenbahnverbindung zwischen Lübeck und Hamburg hingewiesen. Er unternahm Reisen nach England, um dort das neue Verkehrsmittel zu studieren. So konnte er mit fundiertem Wissen die Kaufmannschaft der beiden Hansestädte von den Vorteilen einer Eisenbahn überzeugen. Sehr rasch bildete sich das Hamburg-Lübecker Konsortium und verpflichtete den englischen Ingenieur Francis Giles, die notwendigen Vermessungen vorzunehmen. Giles hatte sich seine ersten Eisenbahn-Spezialkenntnisse beim Bau der Linie London–Southampton erworben. Für die Durchführung der Vermessungsarbeiten war allerdings die vorherige Zustimmung des dänischen Königs erforderlich. Ein entsprechendes Gesuch blieb – wie erwartet – zunächst unbeantwortet. Erst nach Gründung einer deutsch-englischen Aktiengesellschaft hatte ein erneuter Antrag Erfolg. Bis Ende des Jahres 1833 waren die Vermessungen abgeschlossen. Nach Emil Müllers Berechnungen erforderte der Bau der Bahnlinie 3,5 Mio. Mark. Als voraussichtliche Frequenz veranschlagte er im Jahresschnitt 100 Mio. Pfund Güter und 60000 Personen. Er errechnete einen jährlichen Reingewinn von 500000 Mark. Bei einer so vielversprechenden Unternehmung blieben dann auch die Mittel nicht aus. In London bildete sich ein provisorisches Komitee, das die Angelegenheit bis zur endgültigen Konstitu-

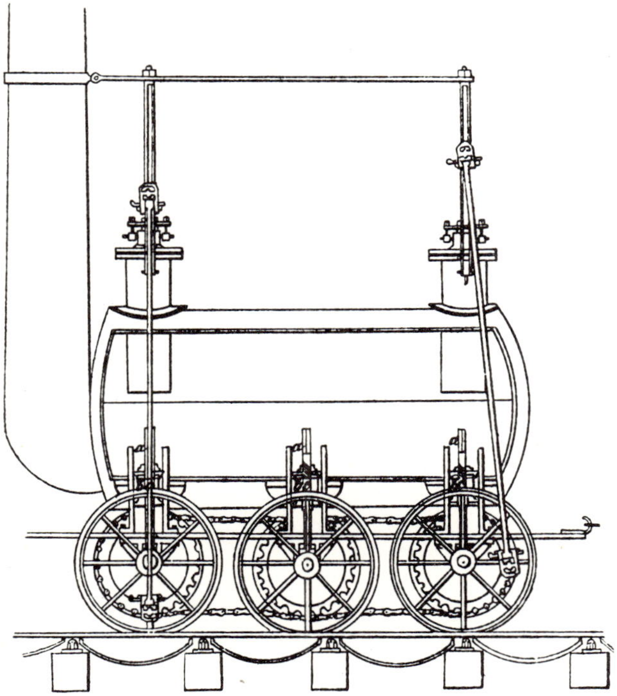

Stephensons »dritte« Bauart von 1816, eine dreiachsige Lokomotive mit Kettenantrieb und Dampffederung zwischen Kessel und Fahrgestell

ierung der Eisenbahngesellschaft zu bearbeiten hatte. Emil Müller wurde zum örtlichen Generalagenten bestimmt. Nicht nur in den beiden Hansestädten, auch in Holstein war die Resonanz sehr positiv. Die Hamburg-Lübecker Bahn wurde zum Tagesthema. Bis zum ersten Spatenstich fehlte nur noch die Zustimmung der dänischen Regierung – und die blieb leider aus. Es half auch nichts, daß Müller in Aussicht stellte, die holsteinischen Landesprodukte mit 25% Rabatt zu fahren. Gutachten wurden nachgereicht, unter anderem von Francis Giles und von Ritter Franz Anton von Gerstner, dem Erbauer der Linz-Budweiser Pferdeeisenbahn, ebenfalls ohne Erfolg. König Frederik VI. war nicht umzustimmen. Im Gegenteil, er beauftragte eine eigene Gutachtergrup-

Stephensons »Rocket«, Sieger des Lokomotiven-Wettstreits bei Rainhill 1829. Höchstgeschwindigkeit: 45 km/h

pe, die Folgen einer solchen Bahn für die Landesinteressen zu untersuchen. Deren Ergebnis gipfelte – wie vorauszusehen war – in zwei Punkten: 1. Die Bahn liefe den dänischen Interessen zuwider. 2. Wenn schon eine Eisenbahn im Lande fahren solle, dann sei eine Verbindung zwischen Kiel und Altona allen anderen vorzuziehen. – Als dann eine Königliche Kommission die Route Altona–Kiel zu vermessen begann, war der Traum von der ersten volkswirtschaftlich so interessanten Bahnlinie vorbei. Am 3. Juni 1839 löste sich das deutsch-englische Komitee wieder auf. So fand die erste und weithin vergessene Episode der hamburgischen Eisenbahngeschichte ihr Ende – ohne daß dort eine Eisenbahn dampfte. Es ist müßig, sich auszumalen, welche Entwicklung die beiden Hansestädte Hamburg und Lübeck durch eine solche frühe Eisenbahn genommen hätten.

Hamburgs erste Eisenbahn

Um die Schwierigkeiten zu ermessen, die dem Bau einer Hamburger Eisenbahn entgegenstanden, muß man die politischen Verhältnisse Norddeutschlands in der ersten Hälfte des 19. Jahrhunderts kennen. Im Süden Hamburgs erstreckte sich das Königreich Hannover bis an das linke Elbufer. Die Grenze gegen Hamburg verlief in der Längsrichtung der durch Süder- und Norderelbe gebildeten Insel Wilhelmsburg. Auf dem rechten Elbufer schob sich zwischen Mecklenburg und Hamburg das Herzogtum Lauenburg, das zur dänischen Krone gehörte. Hamburgs nördliche Nachbarn, die Herzogtümer Schleswig und Holstein einschließlich der Stadt Altona – deren südliche Grenze die Straße Schulterblatt war – standen in Personalunion unter der Hoheit des dänischen Königs. Schleswig und Holstein fühlten sich durchaus noch »up ewig ungedeelt«, aber nur Holstein gehörte seit 1815 zum Deutschen Bund. Obwohl die beiden Königreiche Dänemark und Hannover für einen Eisenbahnanschluß Hamburgs nicht zu gewinnen waren, kann Hamburg den Ruhm für sich in Anspruch nehmen, die erste Eisenbahn im norddeutschen Raum gebaut zu haben. Nach dem Scheitern des Hamburg-Lübecker Projekts versuchte die Hansestadt es mit einer Eisenbahnverbindung nach Hannover, Magdeburg oder Berlin. Weil es aber so gut wie unmöglich war, die nötigen Konzessionen zu erlangen, wollte man eine Bahnlinie zunächst auf dem eigenen Territorium bauen, um sie später nach Magdeburg oder Berlin weiterleiten zu können. Dieser Gedanke führte zur Konstituierung eines »Provisorischen Komitees für den Bau einer Hamburg-Bergedorfer Eisenbahnlinie«. Ein die Gründung der Hamburg-Bergedorfer Eisenbahn-Gesellschaft vorbereitendes Statut vom 31. Oktober 1838 sprach grundsätzlich schon von einer Bahn über Bergedorf hinaus bis an die Elbe. Wenig später, am 18. Dezember 1838, wurde die Gesellschaft dann gegründet und am

Eine alte Ansicht der Bastion Bartholdus, damals bereits im Besitz der »Hamburg-Bergedorfer-Eisenbahn«

Der erste Bahnhof in Hamburg wurde (1842–46) an der Stelle des heutigen Deichtormarktes errichtet

13. Januar 1839 ihr endgültiges Statut veröffentlicht sowie das Direktorium gewählt.
Der englische Ingenieur Lindley übernahm die technische Leitung. Alles lief zufriedenstellend. Als die Gesellschaft jedoch im Frühjahr 1839 dem Bürgerrat ein Enteignungsgesetz (das sogenannte Expropriationsgesetz) zur Genehmigung vorlegte, gewannen die Eisenbahngegner wieder stark an Boden. Binnenschiffer, Hufschmiede, Bauern in Billwerder und viele andere Interessengruppen wandten sich in der Öffentlichkeit gegen das geplante Vorhaben. In diesem Streit tat sich besonders ein Dr. Steinhagen hervor. Er argumentierte damit, daß Schleusengraben und Dove-Elbe total versanden und Häuser, Wälder und Ernten in ständiger Feuergefahr schweben würden. Die Bevölkerung befürchtete eine Verpestung der Luft. Man sprach davon, daß Vögel tot herabfallen und Kühe ihre Milch verlieren würden und daß das Leben der Reisenden auf das Äußerste gefährdet wäre. Nach langem Schwanken der staatlichen und wirtschaftlichen Stellen wurde das Enteignungsgesetz aber doch gebilligt. Die Verhandlungen verliefen sehr schleppend. Von 85 Eigentumserwerbungen ließen sich 60 nur über ein gerichtliches Verfahren entscheiden.
Die Eisenbahn-Gesellschaft erhielt im Mai 1840 die Konzessionsurkunden von Lübeck und Hamburg, da Bergedorf seinerzeit beiden Städten gehörte. (Erst 1867 wurde es für 200000 Thaler Hamburg zugesprochen.) Schon einen Monat danach begannen die Bauarbeiten mit dem Abtragen der Hamburger Festungsbastion Bartholdus, die sich etwa an der Stelle des heutigen Deichtormarktes erhob. Später konnte noch eine im Wege stehende Mühle erworben und abgerissen werden, so daß man sich eine ursprünglich geplante Umleitung an dieser Stelle ersparte. Durch den Stadtgraben mußte ein breiter Damm angelegt und vom Schweinemarkt her eine Auffahrt geschaf-

fen werden. Dadurch wurde jedoch das auf einer Anhöhe liegende Johanniskloster von der Straße abgeschnitten.

Das planierte Gelände reichte nicht aus, um die gesamten Bahnanlagen aufzunehmen. Daher entstand an der beschriebenen Stelle nur der sogenannte »innere« Bahnhof, ein kleines Gebäude mit Abfertigungs- und Warteraum und einer hölzernen, die drei Bahnsteiggleise umschließenden Halle. Den Abschluß dieser allseits offenen Halle bildete eine torartige Mauer mit zwei Türmen.

Das heute unter Denkmalschutz stehende »Cassen-Haus« des ersten Bahnhofs in Bergedorf

Jenseits des Stadtgrabens erstreckte sich der »äußere« Bahnhof, auch Hammerbrook-Bahnhof genannt. Er bestand aus einigen Rangier- und Abstellgleisen, einem geräumigen Schuppen, der auch als Werkstatt diente, dem Pumpenhaus, dem Kokshaus und anderen Betriebseinrichtungen. Den äußeren Bahnhof verließ ein einzelnes Gleis auf einem fast schnurgerade aufgeschütteten Bahndamm, es durchquerte den Hammerbrook, das Billbrack und den Billwerder Ausschlag; über Billwerder erreichte es dann Bergedorf. Dort bildete ein kleiner Bahnhof den Abschluß der Strecke. Ein Teil dieses Bahnhofes, das Kassenhäuschen, steht heute noch in Bergedorf am Neuen Weg. Es ist nachweislich Deutschlands ältestes Bahnhofsgebäude, das der Nachwelt erhalten geblieben ist. Außer diesem Häuschen, in dem auch der Wärter wohnte, standen dort verschiedene Schuppen für Wagen und Lokomotiven, das Wasserhaus und das Restaurant Frascati. Alle Hochbauten dieser Bahn stammten von dem Hamburger Architekten Alexis de Chateauneuf.

Für den Oberbau der Bahngleise verwendete man – wie heute – querliegende Holzschwellen. Die 15 Fuß langen Eisenbahnschienen wurden von Wilson & Bell aus Newcastle bezogen. Ihre Befestigung war für heutige Begriffe ziemlich primitiv. Sie ruhten auf eisernen, an den Schwellen angeschraubten Schienenstühlen, in die sie mit Eichenholzklötzen festgekeilt waren. Das hatte besonders bei trockenem Wetter zur Folge, daß die Klötze herausfielen. Bis zu

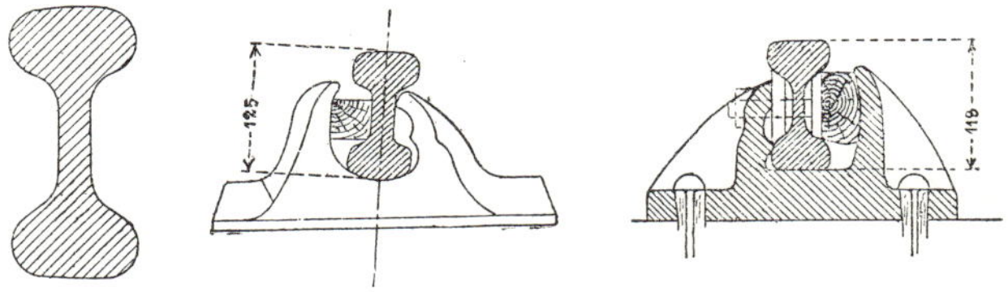

Stephensons Doppelkopfschiene von 1830. In gußeisernen Stühlen wird die Spur mit Hilfe von Holzkeilen gehalten

dreimal täglich mußte die Sicherheit des Schienenweges überprüft werden.

Es gab zunächst keine Zwischenstationen; doch ließ man später bei Bedarf die Züge am Ausschläger Weg, am Unteren, Mittleren und Oberen Landweg halten. Aus diesen Haltestellen bildeten sich die heutigen S-Bahnhaltepunkte Rothenburgsort, Billwerder-Moorfleet und Mittlerer Landweg. An Stelle der aufgegebenen Haltestelle Oberer Landweg ist erst etwa 120 Jahre später (1969) die S-Bahnstation Nettelnburg eröffnet worden.

Für die 16 Kilometer lange Bahnstrecke mußten fünf Brücken gebaut werden, damals alles Holzkonstruktionen. Auch Schranken gab es schon; nicht weniger als 12 Anlagen waren nötig. Es handelte sich um Gitter, die beim Herannahen eines Zuges über die

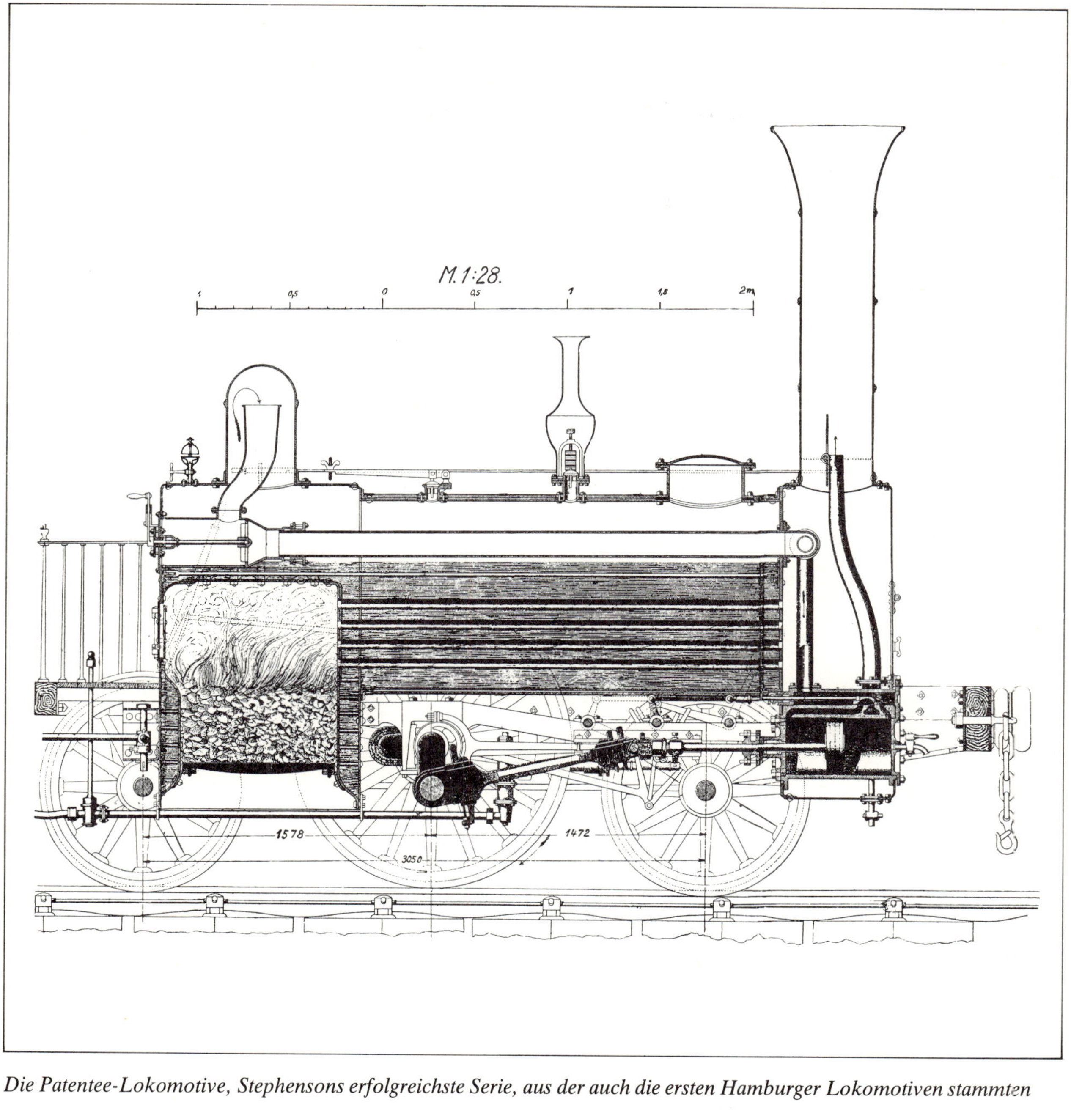

Die Patentee-Lokomotive, Stephensons erfolgreichste Serie, aus der auch die ersten Hamburger Lokomotiven stammten

Straße gezogen wurden, nachts jedoch quer über den Gleisen die Bahnstrecke abschlossen. Man nannte sie Wegpforten.

Auf Vorschlag Lindleys erhielt die Firma Stephenson & Co. in Newcastle den Auftrag, die ersten vier Lokomotiven zu bauen. Eine traf bereits am 24. November 1841 auf dem Wasserweg in Hamburg ein und machte am 4. Februar 1842 ihre erste Probefahrt. Die anderen drei Lokomotiven kamen erst Anfang des Jahres 1842 an. Alle stammten aus der Stephenson'schen Patentee-Serie. Sie hatten drei Achsen, wovon nur die mittlere – mit besonders großen Rädern – angetrieben wurde.

Früher war es üblich, den Lokomotiven Namen zu geben. Bei diesen ersten vier Maschinen drückte sich darin sozusagen das »Programm« der Hamburg-Bergedorfer Eisenbahn-Gesellschaft aus: »Hansa«, »Berlin«, »Magdeburg« und »Hannover«. (Man hat-

te also noch freie Wahl, wohin die Bahn einmal fahren sollte.)
In Deutschland gab es noch keine Fachleute, die eine Lokomotive bedienen konnten; so mußte mit den Lokomotiven auch der Engländer Simpson »importiert« werden. Er sorgte dann für die Übermittlung seines »Know-how« an deutsche Spezialisten.
Lindley scheint so eine Art Universalgenie gewesen zu sein und kümmerte sich auch um die Entwürfe für die Eisenbahnwagen. Er schlug dreiachsige Wagen vor. Die Untergestelle wurden in der eigenen Werkstatt der Gesellschaft im »äußeren« Bahnhof zusammengebaut. Das Material dafür kam allerdings aus England. Die Obergestelle und Inneneinrichtungen wurden von Hamburger Firmen fabriziert. Die Wagen der ersten Klasse (anfangs drei) hatten vierzig gepolsterte Sitzplätze und Glasfenster. In den Wagen der zweiten Klasse dagegen gab es 60 Sitzplätze. Zunächst waren es vier Wagen, nicht ganz so bequem wie die der ersten Klasse, aber ebenfalls mit Glasfenstern. Weitere acht Wagen der zweiten Klasse erhielten anstelle der Fensterscheiben lederne Vorhänge, die Zugluft oder Regen abhalten sollten. Für Fahrten bei schönem Wetter baute man noch zwei Wagen ohne Dach; in ihnen war auch das »Tabacksrauchen« gestattet.
Die erste Probefahrt eines Zuges fand am 19. Februar 1842 statt. Die offizielle Eröffnung, geplant für Sonnabend, den 7. Mai, sollte die Sensation für Hamburg und seine Bevölkerung sein. Schon lange vorher sprach man davon. Wir heute, die wir dauernd technische Neuerungen auf allen Gebieten erleben, können uns kaum vorstellen, wie dieses Ereignis auf die Menschen damals gewirkt haben muß.
Für den Tag der Eröffnung waren drei Fahrten mit Ehrengästen vorgesehen. Aber es sollte nicht dazu kommen, obschon der außergewöhnlich sonnige und heitere Maibeginn auf einen herrlichen Tag hoffen ließ.
In der Nacht vom 4. zum 5. Mai brach in Hamburg der »Große Brand« aus. 83 Stunden lang wütete das

Hamburg-Bergedorfer Eisenbahn-Gesellschaft.

Die auf den 7ten dieses Monats angesetzt gewesene Eröffnung der Hamburg-Bergedorfer Eisenbahn ist auf eine betrübende Weise durch die Feuersbrunst vereitelt worden; eben so wenig konnten die regelmäßiger Fahrten für das Publicum am Sonntage den 8ten wie es bekannt gemacht war, beginnen.

Bei der gegenwärtigen ernsten Stimmung aller Gemüther glaubt die unterzeichnete Direction an die Eröffnung durch eine Lustfahrt, wie es früher beabsichtigt war, nicht mehr denken zu dürfen, und beschränkt sich darauf, dem geehrten Publicum anzuzeigen daß die regelmäßigen Fahrten in Gemäßheit des bereits früher veröffentlichten Fahr-Planes am Dienstage den 17ten Mai beginnen werden.

Bei dieser Gelegenheit wird wiederholt zur Kenntniß gebracht, daß die im Betriebs-Reglement zugestandene Mitnahme von Gepäck in den ersten Wochen des Dienstes noch nicht Statt finden kann, und daher bis auf weitere Ankündigung ausgesetzt bleiben muß.

Hamburg, im Mai 1842. Die Direction

Hamburg-Bergedorfer Eisenbahn.

Abfahrtstunden.

Sonn- und Festtags:

Von Hamburg:	Von Bergedorf:
6 Uhr Morgens.	7 Uhr Morgens.
8 " "	9 " "
11 " "	12 " Mittags.
1 " Nachmittags.	2 " Nachmittags.
3 " "	4 " "
5 " "	6 " "
7 " Abends.	8 " Abends.

Wochentags:

Von Hamburg:	Von Bergedorf:
6 Uhr Morgens.	7 Uhr Morgens.
8 " "	9 " "
12 " Mittags.	1 " Mittags.
2½ " Nachmittags.	4 " Nachmittags.
6 " "	8 " Abends.

Fahrpreise.

Sonn- und Festtags:	Wochentags:
Coupés 24 ß. 1ste Classe 20 ß, 2te Classe 12 ß à Person.	Coupés 16 ß. 1ste Classe 12 ß, 2te Classe 8 ß à Person.

Hamburg, im Mai 1842. Die Direction.

Feuer. Ein Viertel der Stadt sank in Schutt und Asche, fast 1800 Häuser wurden vernichtet, 20000 Menschen verloren ihre Habe, 51 das Leben. Angesichts dieser Katastrophe war an eine feierliche Eröffnung der Eisenbahn und an Ehrenfahrten natürlich nicht zu denken. Die Bahn aber nahm doch ihren Betrieb auf. Zwar beförderte sie keine geladenen Gäste, sondern dampfend und keuchend brachte sie Flüchtlinge aus der brennenden Stadt heraus. Aus entgegengesetzter Richtung rollten freiwillige Helfer heran. Ein außergewöhnlicher Beginn! Viele, die nie daran gedacht hatten, wurden so die ersten Fahrgäste.

Die offizielle Eröffnung fand dann 10 Tage später und anders als geplant statt. Trotz der ernsten Stimmung herrschte an diesem Tag großes Gedränge am Deichtor. Für das Verhalten auf dem Bahngebiet und während der Fahrten gab es eigens ein Bahn-Polizei-Reglement. Die »Passagiere«, so nannte man die Eisenbahnreisenden, durften den Warteraum nur betreten, wenn sie ein gültiges Fahrbillett vorweisen konnten. Dieses wurde immer nur für einen bestimmten Zug verkauft. Zehn Minuten und nochmals drei Minuten vor Abfahrt eines Zuges ertönte eine Glocke. Erst nach dem zweiten Läutesignal durften die Passagiere den Bahnsteig betreten und den Zug besteigen. Die Glocke ertönte ein drittes Mal. Daraufhin wurde der Bahnsteig wieder verschlossen. Die Kondukteure sammelten die Billetts ein und sicherten die Wagentüren zusätzlich von außen, bevor der Zug sich endlich in Bewegung setzte. (Noch im gleichen Jahr haben verschiedene Bahnen die Außenverriegelung wieder abgeschafft, nachdem sich Reisende bei einem Zugbrand in Frankreich nicht aus den verschlossenen Abteilen befreien konnten.) Zusätzlich gab es noch eine ganze Menge einzelner Bestimmungen, so zum Beispiel war es verboten, während der Fahrt von den Plätzen aufzustehen.

Für die Fahrt von Hamburg nach Bergedorf brauchte der Zug nur 25 Minuten. Zweifellos war es für viele Reisende eine Fahrt nicht ohne Beklemmung und Angst, aber auch mit dem Gefühl, bei einer »großen« Sache dabei gewesen zu sein.

In unmittelbarer Nähe des Bergedorfer Bahnhofes

Alte Ansicht einer Fahrt zwischen Hamburg und Bergedorf

hatten eine Reihe von Restaurants mit italienischen Namen ihre Pforten geöffnet, so das schon genannte »Frascati«, dazu noch »Portici«, »Colosseum« und andere. Im Volksmund sprach man bald vom »italienischen Viertel« in Bergedorf. Diese Lokale waren auf den Ausflugsverkehr, der durch die neue Eisenbahnlinie entstand, angewiesen. Später jedoch, als die Entscheidung für die Erweiterung der Bahn in Richtung Berlin gefallen war und der erste Bahnhof zugunsten einer neuen Bahnanlage im Jahre 1846 aufgegeben wurde, blieb schlagartig der Fremdenverkehr aus. Alle Lokale mußten früher oder später ihren Betrieb einstellen. Heute erinnert dort nur noch der Frascatiplatz an diese Zeiten.

Rentabel war die Bergedorfer Bahn nicht. Die Ausgaben konnten zwar gedeckt werden, eine Dividende aber wurde nie gezahlt. Vielleicht war das auch gar nicht so wichtig. Viel gravierender scheint die Tatsache, daß hier überhaupt das für die damalige Zeit kühne Projekt gewagt wurde, eine Bahn zu bauen. Wenn diese Bahn auch keine große wirtschaftliche Bedeutung erlangte, so hatte sie als Verkehrsmittel doch überzeugt, und für die Menschen damals war sie das Zeichen für eine neue Zeit, die unwiderruflich angebrochen war.

Rasch entstanden neue Pläne. Bislang ungeahnte Möglichkeiten taten sich auf. Der Bau neuer Bahnen war nicht mehr aufzuhalten.

Die Christianbahn

Dieselbe Königliche Eisenbahnkommission, die vor einer Hamburg-Lübecker Eisenbahnlinie gewarnt hatte, kam später zu dem Schluß, daß eine rein inländische Bahn in Schleswig-Holstein überhaupt nicht nötig sei. Sie war der Meinung, nicht einmal militärische oder höhere politische Gesichtspunkte könnten einen solchen Bau rechtfertigen. Bald aber mußte diese Kommission ihre Ansicht ändern; es wurden Pläne der Nachbarstaaten Hannover und Mecklenburg bekannt, die eine ernsthafte Gefährdung des nord-ostseeischen Transitverkehrs bedeuteten. Um diesen Verkehr nicht einzubüßen, hielt die Kommission es für geraten, für alle Fälle gerüstet zu sein. Sie empfahl, die für eine Nord-Ostsee-Bahn geeigneten Trassen wenigstens rechtzeitig planen zu lassen, um so Privatgesellschaften, die sich für eine

König Christian VIII. Ostseebahn.

Bekanntmachung.

Abfahrtszeit
der Personenzüge von den Endpunkten
Von Altona nach Kiel und Glückstadt:
Täglich Morgens 8 Uhr. Nachmittags 3½ Uhr.
Von Kiel nach Altona und Glückstadt:
Täglich Morgens 7 Uhr. Nachmittags 2½ Uhr.
Von Glückstadt nach Altona und Kiel:
Täglich Morgens 8 Uhr, Nachmittags 3½ Uhr.

Abfahrtszeit
der Güterzüge,
mit denen auch Personen befördert werden.
Von Altona nach Kiel:
Täglich Abends 6½ Uhr, übernachtet in Neumünster.
Abfaht von Neumünster am folgenden Morgen 5 Uhr.
Von Kiel nach Altona:
Täglich Abends 7 Uhr, übernachtet in Neumünster.
Abfahrt von Neumünster am folgenden Morgen 4 Uhr.

Altona, den 25. Juli 1845.
Die Direction.

Fahrplan der Christianbahn im Jahr 1845

solche Anlage interessieren sollten, gleich fertige Unterlagen vorlegen zu können. Als westlicher Ausgangspunkt kam nach Meinung der Kommission wegen der gleichen großen Vorteile, die bereits Hamburg als Handelsmetropole genoß, nur Altona in Betracht. An der Ostseeküste boten sich die Häfen Neustadt und Kiel an. Unmittelbar nachdem die Regierung die Gutachten über eine Nord-Ostsee-Bahn von der Königlichen Eisenbahnkommission erhalten hatte, liefen in Kopenhagen auch schon die ersten Bauangebote ein, vorwiegend von englischen Firmen und über das Haus Rothschild in Paris. In Schleswig-Holstein hatte man sich zuerst für ein Bauprojekt nicht begeistern können (abgesehen von dem gescheiterten Hamburg-Lübecker-Eisenbahnplan), weil man glaubte, die 1832 erbaute erste Chaussee quer durch Schleswig-Holstein genüge den Ansprüchen vorerst. Aber das überraschende Auslandsecho führte dann auch hier zu einer lebhaften Anteilnahme an der Regierungsinitiative. Besonders rührig wurden die Kieler. Sie setzten alles daran, die Linie von Altona her ganz für sich zu beanspruchen. Eine Linienführung nach Neustadt wollten sie auf jeden Fall verhindern. Und ein Vorschlag, die Bahn über Segeberg zu führen, erzeugte Argwohn gegen Lübeck, das daraus leicht Vorteile erzielen konnte. Inzwischen gegründete Interessengemeinschaften in Kiel und Altona vereinigten sich 1840 auf einer Sitzung in Bramstedt und beschlossen, die Kosten für die Vermessung – mit der sie den leitenden Ingenieur der Birmingham-Manchester-Eisenbahn, Geo W. Buck, beauftragten – gemeinsam zu tragen. Unter anderem hofften sie, durch diesen Schritt mit den Kreisen der englischen Eisenbahnindustriellen in Berührung zu kommen, auf deren Unterstützung sie bauten. Mit der Aufstellung einer Rentabilitätsrechnung betrauten sie den Kieler Professor Dr. Hansen. Er erbrachte den Nachweis, daß die Lage Kiels als Ausgangspunkt an der Ostsee ungleich geeigneter wäre als Neustadt. Ferner gab er einer Bahn über Neumünster eine größere Chance als über Segeberg. Er errechnete im Güterverkehr eine Jahresfrequenz von 100 Mio. Pfund und im Personenverkehr die Mindestzahl von 54000 Reisenden, die in kürzester Zeit auf 160000 Personen ansteigen würde. Diese Summen versprachen eine Dividende von 81/4%, also eine überaus gute Rentabilität der Bahn. Die Zukunft erwies dann auch – im Gegensatz zur Bergedorfer Bahn – eine hohe Wirtschaftlichkeit. Anfangs lag die Dividende bei 4%, steigerte sich im Jahre 1847 auf 6%, 1863 auf 10% und gipfelte im Kriegsjahr 1864 bei 11,5%. Ab Januar 1841 konnten die Aktien gezeichnet werden. Doch gab es eine Enttäuschung: Das erhoffte englische Kapital blieb aus, weil auch die Hamburger Geschäftswelt zurückhaltend war. In Hamburg rechnete man noch immer mit einer Verwirklichung des Hamburg-Lübecker Projekts; bei einem finanziellen Scheitern des Altona-Kieler Vorhabens hätte es neuen Auftrieb erhalten. In dieser Not fand der Professor Franz Hegewisch den richtigen Weg. Er reiste 1842 zu seinem Gönner, dem dänischen König, und legte diesem die Pläne und Berechnungen vor. Über diese Begegnung schreibt der Historiker Heinrich von Treitschke, daß Hegewisch die königliche Eitelkeit sehr wohl auszunutzen vermochte. Er ließ während dieser Unterredung durchblicken, daß diese Bahn, sollte sie jemals realisiert werden, den Namen »Christian VIII.-Ostseebahn« tragen sollte. Dieser Wink brachte den Durchbruch. Die dänische Regierung erhöhte ihren Beitrag von 4625 auf 5000 Aktien (= 1 Mio. Reichsbanktaler). Ferner kaufte die Stadt Kiel noch 1000 zusätzliche Aktien. Aber auch danach fehlten noch rund 3000 Aktien. Diese Misere beseitigte der mit der technischen Leitung neu beauftragte deutsche Ingenieur Eduard Dietz, der Erfahrungen bei der Leipzig-Dresdener Bahn gesammelt hatte. Er errechnete für die Erdarbeiten einen niedrigeren Preis als Buck, verzichtete vorerst auf eine zwar vorteilhafte, aber nicht unbedingt notwendige Tunnelanlage in Altona, schlug vor, die Schienen in England zu einem günstigeren Preis zu kaufen und die Bestellung

für Güterwagen zu reduzieren. Unter diesen Umständen billigte die Generalversammlung der Aktionäre unter Th. Arnemann am 16. Juni 1842 die Konstituierung. Dem Bau der Eisenbahn stand nun nichts mehr im Wege. Eduard Dietz übernahm Bucks Stelle und trieb die Arbeiten rasch voran.
Schwierigkeiten gab es noch einmal, als während des Baues eine Abzweigbahn nach Glückstadt verlangt wurde. Das erforderte eine Linienführung über Elmshorn und nicht, wie ursprünglich geplant, über Barmstedt. Proteste der betroffenen Gemeinden halfen aber nichts mehr. Der König wollte es so.
Das Eisenbahnprojekt fand aber nicht nur Zustimmung. Bei Horst sollen Bauern die Landvermesser mit Stöcken verjagt haben. Danach schickten sie eine Petition an den König, man möge sie doch von der Bahn verschonen. Ohne Erfolg. Auch der Widerstand in Elmshorn war heftig. Fuhrunternehmer, Gastwirte und Geschäftsleute befürchteten einen Umsatzrückgang, unter anderem auch deshalb, weil die »feinere Kundschaft« fortan ihre Einkäufe in Altona oder Hamburg tätigen würde. Um die Allgemeinheit auf ihre Seite zu ziehen, wiederholten sie die wohl allerorten aufgestellte These, die Bahn wäre feuergefährlich, ruhestörend und lebensgefährlich für Mensch und Tier. Aber solche Proteste setzten sich nicht durch, sie konnten das Anrollen der Bahn nicht mehr bremsen. Nach der Vollendung des Oberbaues konnte die feierliche Eröffnung der 105 km langen Bahnlinie am 18. September 1844, dem Geburtstag König Christian VIII., erfolgen. An diesem Tag setzte sich der mit Laub und Blumen festlich geschmückte Zug unter Musikklängen von Altona aus in Bewegung. Überall an der Strecke gab es jubelnde Menschen, die dieses bedeutende Ereignis feierten. Die offizielle Einweihungsfeier fand erst in Kiel statt, wo der Zug mit Salutschüssen empfangen wurde. Den Höhepunkt bildete die Rede Seiner Durchlaucht Prinz Friedrich von Augustenburg, Statthalter der Herzogtümer von Schleswig und Holstein, der im Auftrag des dänischen Königs sprach. Ist es ein Wunder, daß nicht nur Hurra-Rufe ertönten, sondern daß so mancher Jubelruf die innere Angst vor dem Feuerroß überdecken sollte? Als der erste Zug durch Horst fuhr, kletterten die Kinder auf die Bäume – so berichtete das Lokalblatt –, denn sie fürchteten, »he kunn wild warn«. An einem Bahnübergang in Elmshorn stand der Bahnwärter Kunstmann. Selbst aufgeregt, konnte er die neugierigen Massen kaum zurückhalten. In seiner Verzweiflung rief er immer wieder: »Lüüd, goht trücht, goht trücht. Man kann nich weeten, was dat Diert op sik hett. Ick mutt mien Leben jo looten, wenn't scheef geiht!« Und ein alter Bauer soll schließlich lakonisch auf die Nachricht von der neuen Eisenbahn gesagt haben: »Ohne Peer? All'ns Lögen!«

Der alte Bahnhof in Kiel (1844–1899)

Am Eröffnungstage selbst und noch einige Zeit danach endete die Fahrt auf dem sogenannten »Interimsbahnhof« in Kiel, da die Bauarbeiten am eigentlichen Bahnhof noch nicht abgeschlossen waren.
In Altona nahm die Bahn ihren Anfang in einem kleinen Bahnhof am hohen Elbufer, 28 Meter über dem Fluß, an der Palmaille. Die Anwohner dort waren von dieser Wahl nicht begeistert, da sie ihre Ruhe gestört fanden. Um den entstandenen Verkehr aus der Königstraße abzuleiten, setzte der damalige

Daguerreotypien aus dem Jahr 1844: Der Bahnhof Altona im Bau (links Blick nach Norden)

Bürgermeister Behn darum den Bau der Altonaer Bahnhofsstraße durch (heute Max-Brauer-Allee).
Allen Bedenken der Vergangenheit zum Trotz fand die Bahn nicht nur am Eröffnungstage den Zuspruch der Bevölkerung, denn sie erleichterte den Verkehr ganz erheblich. Für die 105 km lange Strecke benötigte ein Personenzug nur noch 2 Stunden und 32 Minuten. Die Höchstgeschwindigkeit betrug 45 km/h, bei Dunkelheit 30 km/h. Zwölf Jahre vorher brauchte eine Pferdekutsche noch 24 Stunden. Schon im ersten Wirtschaftsjahr beförderte die Christianbahn mehr als 370000 Personen (wobei freilich auch alle Kurzstreckenfahrer, z. B. zwischen Pinneberg und Elmshorn, mitgezählt wurden) und 1200000 Zentner Güter.
Signale in der heutigen Form gab es noch nicht. Nur die Weichen waren schon mit Scheiben versehen, die in lotrechter oder schräger Stellung dem »Dampfwagenführer im voraus anzeigten, ob die Ausweichung richtig stand«. Auf der Strecke selbst mußten Wärter so dicht postiert werden, daß sie sich mit ihren Nebenmännern verständigen konnten; kein Wunder also, daß bei einem anfänglichen Personalbestand von 226 Mann allein 112 auf den Streckendienst fielen. Diese Wärter waren an erster Stelle für eine sichere Betriebsführung verantwortlich. Mit Signalflaggen gaben sie dem Fahrpersonal zu erkennen, ob der jeweilige Streckenabschnitt frei oder ob besondere Vorsicht geboten war. Hielten sie die Flagge in die Fahrtrichtung, so bedeutete das: »Fahrt fortsetzen, alles in Ordnung.« War besondere Vorsicht geboten, so steckte der Bahnwärter die Signalflagge in den Boden und schwenkte eine Hand über dem Kopf. Um Züge anzukündigen oder sonstige Nachrichten zu übermitteln, dienten den Wärtern auch Signalkörbe. War beispielsweise ein Korb am Signalmast bis zur Spitze hochgezogen, zeigte das einen herannahenden Zug aus Richtung Altona an.
Die Passagierzüge führten drei Wagenklassen. Zwischen Lokomotive und dem ersten Reisezugwagen lief stets ein Güterwagen als Schutz für die Reisenden bei etwaigen Zusammenstößen. Jeder dritte Wa-

Der Bau der »Schiefenen Ebene« zum Kai

gen eines Reisezuges mußte mit einer Handbremse ausgerüstet sein, die eigens von einem Bremser zu bedienen war. Bei Güterwagen genügte die Besetzung jedes fünften Wagens mit einem Bremser. Die Züge durften mit einem Mindestabstand von 10 Minuten aufeinander folgen, bei schlechter Sicht erhöhte sich der Abstand auf 15 Minuten.

So erfreulich der Anschluß der Christianbahn an die Seeschiffe in Altona für Schleswig-Holstein war, so bedenklich war die Entwicklung für Hamburg. Sobald die allgemeinen Bauarbeiten an der Bahnstrekke beendet waren, entstanden unterhalb des Bahnhofs Altona an der Elbe Kaianlagen. Den Sparmaßnahmen des Ingenieurs Dietz zufolge verzichtete man zunächst auf eine Tunnelanlage vom Bahnhof zum Kai. (Sie ist erst im Jahre 1876 fertiggestellt worden.) Die Gesellschaft baute darum von der Palmaille zur Elbe eine oberirdische Gleisverbindung in einer Neigung von 1:6½. Dieses Unterfangen bereitete den Ingenieuren anfänglich großes Kopfzerbrechen, denn immer wieder kam es nach Regengüssen zu Erdrutschen, die erst nach der Anlage von hohen Futtermauern und einem Netz von Sickerkanälen aufhörten. Im Jahre 1845 – also 20 Jahre früher als in Hamburg – konnten so in Altona Transportgüter auf direktem Wege über die Eisenbahn das Seeschiff erreichen. Anfangs wurden die Wagen über einen Pferdegöpel, ab 1849 durch eine feststehende Dampfmaschine hinaufgezogen.

In Kiel entstand der Bahnhof unmittelbar am Hafen, so daß der Umschlag von Schiff zu Bahn an beiden Endpunkten ohne zusätzliche Fuhrwerke erfolgen konnte.

Alte Ansicht einer Fahrt der Christianbahn von Kiel nach Altona

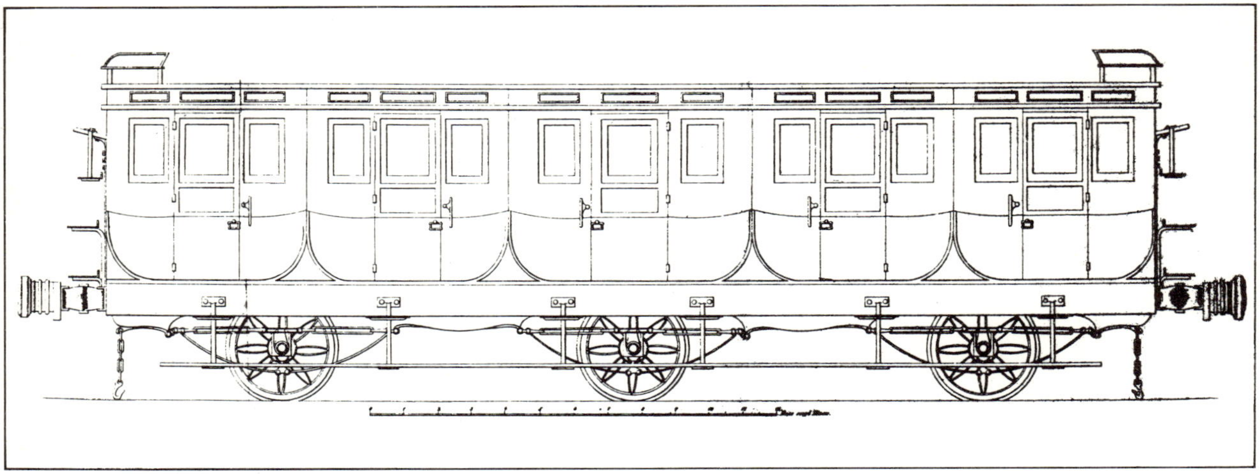

Auf der Altona-Kieler Strecke fuhren die damals sehr seltenen dreiachsigen Personenwagen

Eine der ersten Lokomotiven der Christianbahn, ursprünglich »Dania« genannt, die nach dem Deutsch-Dänischen Krieg (1864) als »Diana« weiter in Betrieb blieb

Per Eisenbahn von Hamburg nach Berlin

Nach den ersten Eisenbahngründungen in England führte eine wahre Begeisterungswelle auch in Europa zum Bau etlicher kleinerer Bahnlinien.
Der westfälische Maschinenbauer und Industriepionier des Ruhrgebietes Harkort meinte schon 1825:
»Möge auch in unserem Vaterlande bald die Zeit kommen, wo der Triumphwagen des Gewerbefleißes mit rauchenden Kolossen bespannt ist und dem Gemeinsinne die Wege bahnt.«
Emil Müller, jener schon erwähnte Initiator der Hamburg-Lübecker Bahn, mischte schließlich auch bei der Hamburg-Bergedorfer Bahn mit und versprach überschwenglich, die Menschheit an die Pforten einer neuen Ära zu führen:
»Nicht nur eine Blüte der Industrie, ein Aufschwung der Wissenschaften ist bei den sich durch eine Eisenbahn verringernden Entfernungen zu erwarten, sondern auch eine Zeit, in der die ganze Welt gleichsam eine große Familie bilden, eine Sprache reden, unter demselben Gesetze in Frieden und Eintracht leben und sich für die Kinder eines Vaters ansehen wird. Es wird – dank der Eisenbahn – keine Kriege und Eroberungen im Felde mehr geben, sondern nur noch Eroberungen auf dem Gebiete der Künste und Wissenschaften und des Friedens.«
Wesentlich nüchterner sah die Hamburger Kaufmannschaft im Verein mit preußischen Regierungskreisen die Zeit der ersten Eisenbahngründungen in

Deutschland im Hinblick auf die üppig blühende Kleinstaaterei. Dr. Kirchenpauer, der spätere Bürgermeister, bezeichnete die Bergedorfer Bahn lakonisch als »Duodezbahn«, allerdings nicht ohne Seitenhieb auf die Nachbarstaaten, die andere Linienführungen verhindert hatten. Eine Periode des »Nachdenkens« über die Hinterlandverbindungen setzte in Hamburg ein, nicht zuletzt ausgelöst durch die verheerenden Folgen und finanziellen Verluste, die der große Brand verursacht hatte.

Das zeitliche Hinauszögern eines Eisenbahnbaues zwischen Hamburg und Berlin gehörte aber auch zur Taktik Preußens. Das nach 1815 vergrößerte, jedoch durch andere Staaten teilweise getrennte preußische Territorium sollte ein mustergültiges Straßennetz erhalten, der Rhein als Schiffahrtsstraße für Preußen dienlich sein. Der Hafen Hamburg dagegen konnte nach Meinung des preußischen Finanzministers Friedrich von Motz über Elbe und Landstraße erreicht werden. Auch sein Nachfolger, Peter Beuth (ab 1830), hielt zunächst nichts von der Eisenbahn. Bezeichnend dafür ist ein von ihm überlieferter Ausspruch. Als der Oberwegebauinspektor für Pommern, Georg Ernst Neuhaus, der spätere Erbauer der Hamburg-Berliner Bahn, nach England reisen wollte, um sich über die neuen Eisenbahnen zu informieren, fertigte Peter Beuth ihn mit den Worten ab: »Lieber Neuhaus, ich habe Sie bis jetzt für einen vernünftigen Menschen gehalten, aber ich fange an, daran zu zweifeln.« Und doch gab es kurze Zeit danach keinen besseren Wegbereiter für Eisenbahnen in Preußen als Peter Beuth. August Borsig gab einer seiner ersten Lokomotiven den Namen »Beuth«.

Im Grunde wollten beide Städte, Hamburg und Berlin, gern die Eisenbahn, scheuten sich aber wohl auch vor dem beispiellosen Unterfangen, auf dem Kontinent eine fast 300 km lange Bahnverbindung zu bauen.

Als Dr. Kirchenpauer Hamburgs erste Eisenbahn – die erste Eisenbahn Norddeutschlands – als Duodezbahn herabwürdigte, stellte er im selben Atemzug fest, daß sie nur notgedrungen so klein geblieben sei, man aber von Anfang an »nach allen vier Winden, nach Hannover, nach Lübeck, nach Berlin« ausgespäht habe, ob die Hamburger nicht irgendwo ein Stückchen Eisenbahn erwischen könnten. Daß die Bahn nur einen Anfang darstellte, stand den Beteiligten von Anfang an deutlich vor Augen. Lindley sprach von dem »glorious step«, als die Bahn auf Hamburger Boden gesichert war, und schätzte sich glücklich, als die Pläne sich weiteten, bei diesem »grand work of human improvement« helfen zu können, dem er ein europäisches Interesse zusprach.

Fahrplan
für die regelmäßigen Dampfwagenzüge
auf der
Berlin-Hamburger Eisenbahn.
Vom 15. Januar 1848 ab bis auf Weiteres.

Richtung nach Hamburg.

Abgang von	1. Personenzug.	2. Zwischenzug mit Uebernachtung in Wittenberge	3. Güterzug.	4. Extra-Güterz. Dienstag, Donnerstag, Sonnabend.
Berlin	7 U. Morg.	5½ U. Abds.	6 U. Morg	12½ U. Nachm.
Spandau	7¼ „ „	5¾ „ „	6¼ „ „	12¾ „ „
Nauen	7¾ „ „	6¼ „ „	7 „ „	1⅛ „ „
Paulinenaue	8 „ „	6⅝ „ „	7⅞ „ „	2⅛ „ „
Friesack	8½ „ „	7 „ „	8⅝ „ „	3 „ „
Neustadt a. D.	8¾ „ „	7⅛ „ „	9⅛ „ „	4¼ „ „
Zernitz	9 „ „	7¾ „ „	9⅝ „ „	4⅞ „ „
Glöwen	9⅜ „ „	8 „ „	10¼ „ „	5¼ „ „
Wilsnack	9¾ „ „	8⅜ „ „	10¾ „ „	5⅞ „ „
		Ank. in Witt. 9 à 9½ U. Abds. Abgang		Ank. in Witt. 6 à 6½ U. Abds. Abgang Mittwoch, Freitag, Sonntag.
Wittenberge	10½ „ „	6¼ U. Morg	11¾ „ „	7½ U. Morg.
Wend. Warnow	11 „ „	6¾ „ „	12¾ U. Nchm.	8¼ „ „
Grabow	11¼ „ „	7 „ „	1 „ „	8⅝ „ „
Ludwigslust	11⅝ „ „	7¼ „ „	1⅞ „ „	9 „ „
Hagenow	12 U. Mitt	8 „ „	3¼ „ „	10¼ „ „
Brahlsdorf	12½ U. Nachm	8¼ „ „	4 „ „	11 „ „
Boizenburg	12¾ „ „	9¼ „ „	4⅞ „ „	11½ „ „
Büchen	1¼ „ „	9⅛ „ „	5¾ „ „	12 U. Mitt.
Schwarzenbeck	1⅛ „ „	9¾ „ „	6¼ U. Abds	12½ U. Nachm
Friedrichsruh	1¾ „ „	10¼ „ „	6⅝ „ „	12¾ „ „
Reinbeck	2 „ „	10½ „ „	6¾ „ „	1 „ „
Bergedorf	2¼ „ „	10¾ „ „	7 „ „	1¼ „ „
Ankunft in Hamburg	3 Uhr Nachmittags.	11 à 11½ U. Morgens.	7¾ à 8 U. Abends.	2 à 2½ U. Nachmittags.

Richtung nach Berlin.

Abgang von	5. Personenzug.	6. Zwischenzug mit Uebernachtung in Wittenberge.	7. Güterzug.	8. Extra-Güterz. Dienstag, Donnerstag, Sonnabend.
Hamburg	7½ U. Morg	4½ U. Nachm	6 U. Morg.	11 U. Morg.
Bergedorf	7¾ „ „	4¾ „ „	6⅝ „ „	11⅜ „ „
Reinbeck	8 „ „	5 „ „	6¾ „ „	11¾ „ „
Friedrichsruh	8¼ „ „	5¼ „ „	7 „ „	12 U. Mitt.
Schwarzenbeck	8⅜ „ „	5½ „ „	7¼ „ „	12½ U. Nachm.
Büchen	8¾ „ „	5¾ „ „	8 „ „	1¼ „ „
Boizenburg	9¼ „ „	6¼ U. Abds	8¾ „ „	1⅝ „ „
Brahlsdorf	9⅝ „ „	6¾ „ „	9¼ „ „	2¼ „ „
Hagenow	10 „ „	7¼ „ „	10¼ „ „	3¼ „ „
Ludwigslust	10¾ „ „	7¾ „ „	11⅛ „ „	3¾ „ „
Grabow	11 „ „	8¼ „ „	11¾ „ „	4¼ „ „
Wend. Warnow	11¼ „ „	8⅝ „ „	12¼ U. Nchm	4¾ „ „
		Ank. in Witt. 9½ à 10 U. Abds. Abgang		Ank. in Witt. 6 à 6½ U. Abds. Abgang Mittwoch, Freitag, Sonntag.
Wittenberge	12½ U. Nchm	6½ U. Morg.	1½ „ „	9¼ U. Morg.
Wilsnack	12¾ „ „	6⅞ „ „	2 „ „	9¾ „ „
Glöwen	1 „ „	7 „ „	2⅛ „ „	10¼ „ „
Zernitz	1⅜ „ „	7½ „ „	3¼ „ „	11 „ „
Neustadt a. D.	1¾ „ „	8 „ „	4¼ „ „	11¼ „ „
Friesack	2⅛ „ „	8⅜ „ „	4¾ „ „	11⅞ „ „
Paulinenaue	2⅝ „ „	8¾ „ „	5 „ „	12½ U. Nachm.
Nauen	3 „ „	9⅛ „ „	6¼ U. Abds.	12¾ „ „
Spandau	3⅜ „ „	9¾ „ „	7 „ „	1⅜ „ „
Ankunft in Berlin	4¼ à ½ U. Nachmittags.	10¼ à ¾ U. Morgens.	7½ à 8 U. Abends.	2¼ à ½ Uhr. Nachmittags.

Berlin und Hamburg, im Januar 1848.
Die Direction der Berlin-Hamburger Eisenbahn-Gesellschaft.

Druck von S. D. Schnitzer in Berlin.

Schon malte sich die Phantasie aus, wie der Reisende eines Tages über Bergedorf quer durch Europa fahren und in Triest wieder das Meer erreichen werde.
Die Hamburger brauchten nicht mehr lange zu warten, denn sowohl in Berlin als auch in Hannover griff man von neuem den Gedanken auf, Bahnen zu bauen. Im Welfenstaat hielt man an dem früheren Plan einer Bahn nach Harburg fest, wogegen die Hamburger wieder den Vorschlag vorbrachten, ihre Bergedorfer Bahn über Lüneburg mit der hannoverschen Strecke zu verbinden. Im September 1840 bildete sich ein provisorisches Komitee für eine Hamburg-Lüneburger Eisenbahn. Es kam zu keiner Einigung; der Ausschuß löste sich wieder auf.
Inzwischen war in Berlin ein neues Komitee zusammengetreten, um die bereits 1836 geplante Bahnverbindung von dort nach Hamburg herbeizuführen. Doch kam es trotz berechtigter Hoffnung auf die Zustimmung der beteiligten Regierungen nicht recht voran, da der Aufruf zur Zeichnung ohne gutes Ergebnis blieb. Daraufhin bildete sich Ende 1840 in Hamburg ein entsprechendes Komitee von über 30 Mitgliedern mit bekannten Namen wie Ruperti, Carl und Ernst Merck sowie H.C. Meyer jr. (auch Stockmeyer genannt).
Aus London ließ sich beratend Lindley hören, der die Strecke im Sommer 1840 bereist hatte. Am 12. Februar 1841 schrieb er, er sei überzeugt, daß die Strecke am linken, hannoverschen Ufer die beste für Hamburg sei; aber wenn die Prüfung der Hamburger das Gegenteil ergeben habe, müsse man alle Kräfte vereinen, um das Preußische Projekt aufzunehmen. Noch hoffte er auf die Einsicht des Königs Ernst August von Hannover, der ihm im März 1840 eine Audienz bewilligt hatte, denn dieser hatte sich mittlerweile für den Plan einer Eisenbahn einnehmen lassen. Es war derselbe Monarch, der noch kurze Zeit vorher verkünden ließ: »Ich will keine Eisenbahn im Lande, ich will nicht, daß jeder Schuster oder Schneider so rasch reisen kann wie ich!«

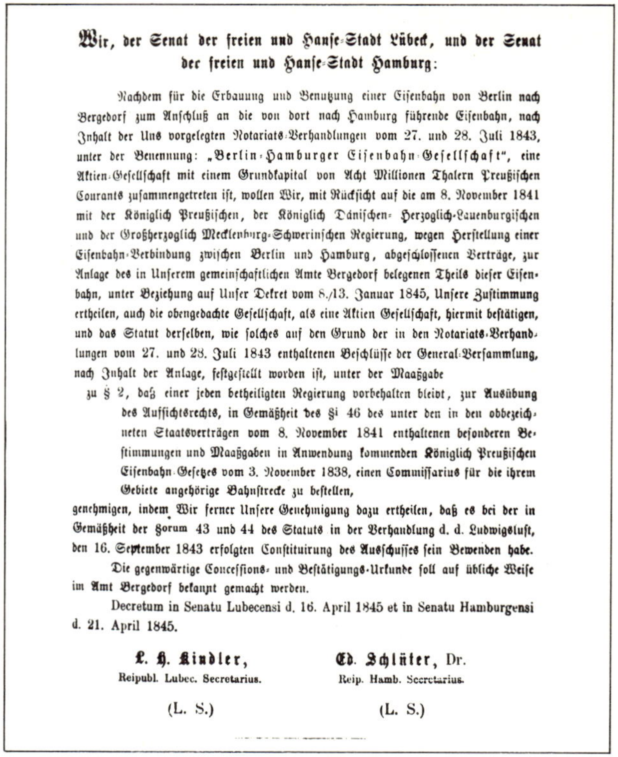

Wir, der Senat der freien und Hanse-Stadt Lübeck, und der Senat der freien und Hanse-Stadt Hamburg:

Nachdem für die Erbauung und Benutzung einer Eisenbahn von Berlin nach Bergedorf zum Anschluß an die von dort nach Hamburg führende Eisenbahn, nach Inhalt der Uns vorgelegten Notariats-Verhandlungen vom 27. und 28. Juli 1843, unter der Benennung: „Berlin-Hamburger Eisenbahn-Gesellschaft", eine Aktien-Gesellschaft mit einem Grundkapital von Acht Millionen Thalern Preußischen Courants zusammengetreten ist, wollen Wir, mit Rücksicht auf die am 8. November 1841 mit der Königlich Preußischen, der Königlich Dänischen- Herzoglich-Lauenburgischen und der Großherzoglich Mecklenburg-Schwerinschen Regierung, wegen Herstellung einer Eisenbahn-Verbindung zwischen Berlin und Hamburg, abgeschlossenen Verträge, zur Anlage des in Unserem gemeinschaftlichen Amte Bergedorf belegenen Theils dieser Eisenbahn, unter Beziehung auf Unser Dekret vom 8./13. Januar 1845, Unsere Zustimmung ertheilen, auch die obengedachte Gesellschaft, als eine Aktien Gesellschaft, hiermit bestätigen, und das Statut derselben, wie solches auf den Grund der in den Notariats-Verhandlungen vom 27. und 28. Juli 1843 enthaltenen Beschlüsse der General-Versammlung, nach Inhalt der Anlage, festgestellt worden ist, unter der Maaßgabe

zu § 2, daß einer jeden betheiligten Regierung vorbehalten bleibt, zur Ausübung des Aufsichtsrechts, in Gemäßheit des §i 46 des unter den in den obbezeichneten Staatsverträgen vom 8. November 1841 enthaltenen besonderen Bestimmungen und Maaßgaben in Anwendung kommenden Königlich Preußischen Eisenbahn-Gesetzes vom 3. November 1838, einen Commissarius für die ihrem Gebiete angehörige Bahnstrecke zu bestellen,

genehmigen, indem Wir ferner Unsere Genehmigung dazu ertheilen, daß es bei der in Gemäßheit der §orum 43 und 44 des Statuts in der Verhandlung d. d. Ludwigslust, den 16. September 1843 erfolgten Constituirung des Ausschusses sein Bewenden habe.

Die gegenwärtige Concessions- und Bestätigungs-Urkunde soll auf übliche Weise im Amt Bergedorf bekannt gemacht werden.

Decretum in Senatu Lubecensi d. 16. April 1845 et in Senatu Hamburgensi d. 21. April 1845.

L. H. Kindler,	**Ed. Schlüter,** Dr.
Reipubl. Lubec. Secretarius.	Reip. Hamb. Secretarius.
(L. S.)	(L. S.)

Gründungsurkunde der Berlin–Hamburger Eisenbahn-Gesellschaft aus dem Jahr 1843

Doch die Pläne Hannovers kollidierten mit denen Hamburgs. In Hannover – so wurde den Hamburger Vertretern erklärt – fürchte man eine Bahn Hamburg –Magdeburg am rechten Elbufer nicht, da der eigene Plan für eine Strecke Hamburg–Celle–Braunschweig–Magdeburg nicht länger sei, durch stärker bevölkerte Gegenden führe, außerdem den Weg nach Frankfurt a.M., dem Rhein und der Weser bahne. Der Kampf um den Verkehrsmarkt begann; Hamburg nahm den Fehdehandschuh auf. Lindleys Eisenbahn-Erfahrungen, gepaart mit dem hamburgischen Kaufmannssinn, ließen bald erkennen, daß die Gegenseite zu hoch gepokert hatte. Es dauerte noch

mehrere Jahre, bis wenigstens die Verbindung Celle–Harburg und später auch die Linie Hannover –Minden–Köln verwirklicht wurden.
Hamburgs Berlin-Projekt konnte nun, da alle Alternativen vom Tisch waren, fortentwickelt werden. Mitte Mai 1841 bildete sich aus dem vorläufigen Ausschuß ein festes Komitee. Bereits am 8. November konnte der Staatsvertrag, der als Grundlage für die »Herstellung einer Eisenbahnverbindung zwischen Berlin und Hamburg am rechten Elbufer« notwendig war, zwischen Preußen, Dänemark, Lauenburg, Mecklenburg-Schwerin, Lübeck und Hamburg abgeschlossen werden; am 18. Februar 1842 wurde er ratifiziert. Doch eine Eisenbahngesellschaft konnte noch nicht konstituiert werden. Groß war die Zahl der Wünsche und Bedingungen, die unter einen Hut gebracht werden mußten. So verlangte Dänemark z.B. die Zollfreiheit aller Transitgüter über hamburgisches Staatsgebiet von der Christianbahn zur künftigen Berliner Bahn. Die Vorstellungen der einzelnen Länder über die Linienführung wichen

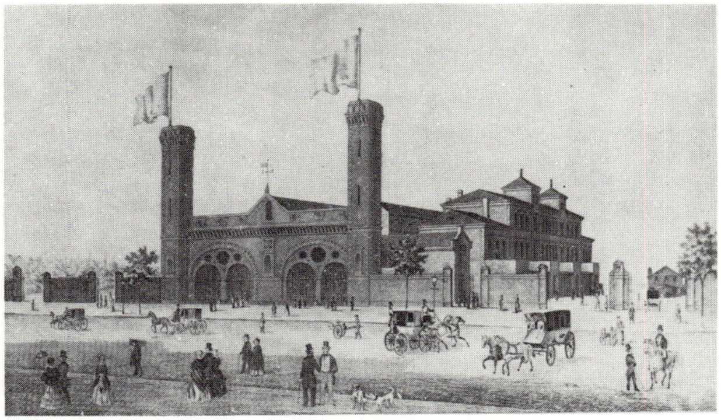

Alte Ansicht des Berliner Bahnhofs in Hamburg

stark voneinander ab. Mecklenburg bestand auf der Trassierung über Perleberg statt über Wittenberge. Dänemark wünschte, daß die Bahn Lauenburg berühren müsse. Die Hamburg-Bergedorfer Eisenbahn-Gesellschaft empfahl eine Weiterführung über Geesthacht–Lauenburg, um einen Ausbau ihrer Bahn über die Elbe in Richtung Lüneburg–Hannover/Magdeburg nicht zu verhindern.
Lindley begleitete diese Verhandlungen wieder mit großer Spannung. Er hatte die Berliner Strecke persönlich erkundet und war zu der Überzeugung gekommen, man solle sie – um Steigungen zu vermeiden – in das alte Urstromtal legen. Der Major v. Moltke, der spätere Sieger von Königgrätz und Sedan, der dem Berliner Ausschuß beigetreten war und an seinen Arbeiten vom militärischen Gesichtspunkt aus das lebhafteste Interesse nahm, meinte dazu, Lindleys Plan sei »im großartigsten Stil generell«, mache aber wegen des Hochwassers der Elbe zu viel Kosten. Gewählt wurde schließlich eine Linie, die über Ludwigslust und Hagenow führte; sie war zwar 37 km länger, aber umging schwerere Steigungen.
Trotz all dieser Ungereimtheiten tagte die Generalversammlung, in der auch die Hansestadt Hamburg offiziell vertreten war, mit Erfolg am 27./28. Juli 1843 im mecklenburgischen Ludwigslust. Die Berlin-Hamburger Eisenbahn-Gesellschaft mit Sitz in Berlin wurde gegründet. Die Konzessionen ließen noch eine Weile auf sich warten. Erst am 28. Februar 1845 machte Preußen den Anfang; zwei Monate später wurde dann die letzte Urkunde überreicht.
Erstaunlicherweise legten sich die oben genannten Streitigkeiten über die Linienführung relativ schnell. Mecklenburg entschied sich wegen der besseren Anschlüsse nach Magdeburg für den Weg über Wittenberge. Seltsam sah der Kompromiß im Herzogtum Lauenburg aus. Dänemark bestand darauf, daß die Stadt Lauenburg von der Bahn berührt werden sollte. Da aber wegen der hügeligen Landschaft an der Elbe Bau und Betrieb einer Bahn sehr schwierig und teuer geworden wären, stimmte die dänische Regierung schließlich der von der Berlin-Hamburger Gesellschaft vorgeschlagenen Trasse über Aumühle –Büchen zu. Allerdings stellte sie die Bedingung, daß auf Kosten der Eisenbahngesellschaft eine Zweigbahn von Büchen nach Lauenburg zu bauen sei. Zudem sollte diese Bahn den Einwohnern der Stadt

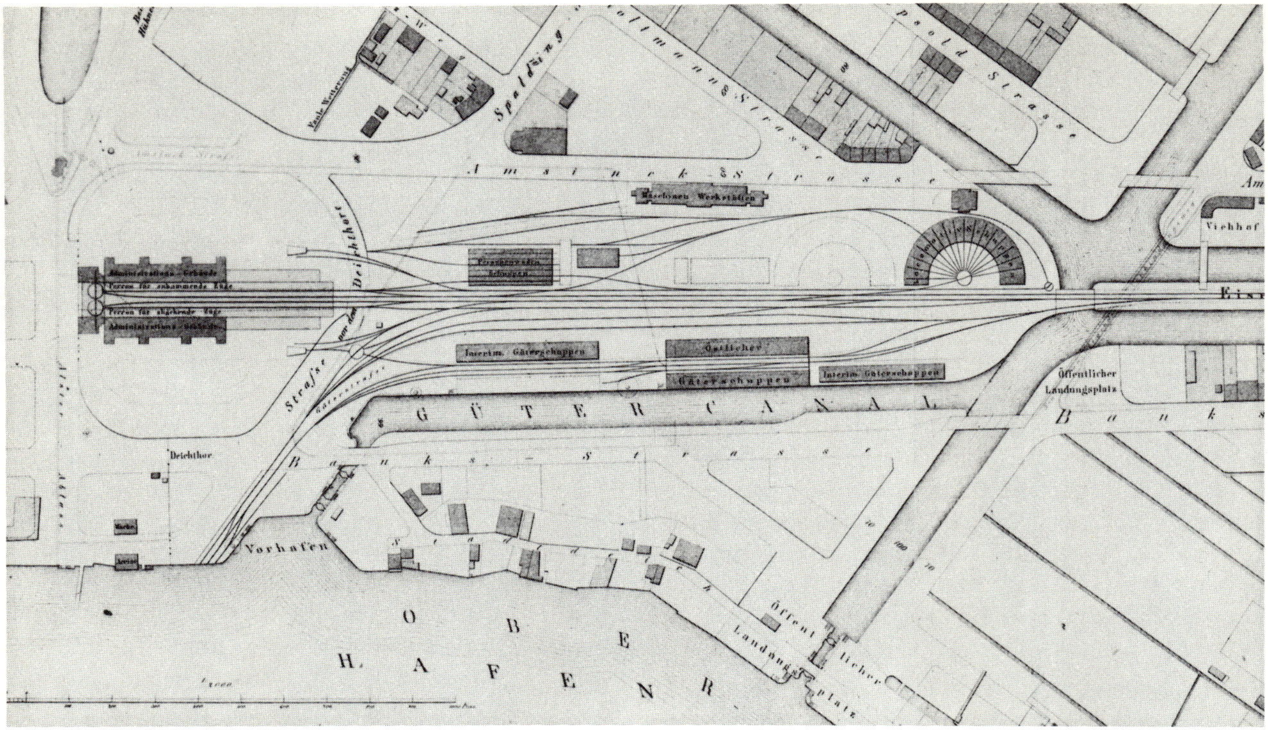

Gleisplan des Berliner Bahnhofs in Hamburg im Jahr 1850

Lauenburg, die die Berlin-Hamburger Bahn benutzen wollten, unentgeltlich zur Verfügung stehen. So kam es zu dem bekannten und viele Gerichte beschäftigenden »Lauenburger Privileg«. Der Bahnhof Lauenburg führte zu diesem Zweck getrennte Fahrkartenbücher, und die Lauenburger Bürger bekamen besondere Ausweise. (Das Privileg bestand bis 1937; die Stadt Lauenburg erhielt dann ersatzweise eine Jugendherberge geschenkt.)

Eine Einigung zwischen der Hamburg-Bergedorfer Eisenbahn-Gesellschaft und der Berliner Eisenbahn kam sehr rasch zustande. Schon 1844 begannen die Bauarbeiten in Hamburg. Der Stadtgraben, der noch immer den inneren vom äußeren Bahnhof trennte, wurde zugeschüttet. Entlang der Banksstraße bis zum Schleusenkanal entstanden Güterverkehrsanlagen. Der Bahnhof erhielt ein völlig neues Aussehen. Das Portal entstand aus rotem Backstein mit geputzten Gesimsen; die gesamte Vorderfront mit zwei großen Fensterbogen war durch einen etwa zwei Meter breiten Graben und ein Geländer von der Straße getrennt. Die beiden viereckigen Türme sollten den optischen Telegraphen aufnehmen, wurden aber nie dazu verwendet, weil bei Eröffnung der Berliner Bahn (1846) der elektrische Telegraph schon erfunden war.

Der gesamte Gebäudekomplex – im neugotischen Stil – war 172 Meter lang, die hölzerne Halle 23 Meter breit. Innerhalb der Halle liefen vier Gleise. Der Erbauer des Berliner Bahnhofes in Hamburg

Alte Ansicht des Hamburger Bahnhofs in Berlin . . .

war Alexis de Chateauneuf, der schon die Bahnhofs- und Hochbauten der Bergedorfer Bahn ausführte.
Am 15. Oktober 1846 war die Strecke Berlin–Boizenburg fertiggestellt und zwei Monate später auch das Reststück bis Bergedorf. Der erste Zug durchfuhr am 15. Dezember 1846 die 287 km lange Strecke Hamburg–Berlin in 9 Stunden und 15 Minuten. In Berlin endete die Fahrt im Hamburger Bahnhof.
Der erste Fahrplan der Berlin-Hamburger Bahn sah

. . . später Verkehrs- und Baumuseum (heutige Ansicht)

täglich in jeder Richtung einen durchgehenden Zug vor. Die Reisegeschwindigkeit dieser Züge betrug 30,9 km/h. Nach den heutigen Verhältnissen erscheint das gering, gemessen aber an den Postverbindungen der damaligen Zeit war es ein gewaltiger Fortschritt. So sah der Postplan aus dem Jahre 1845 für gewöhnliche Post eine Reisegeschwindigkeit von 7,2 km/h, für die Schnellpost 9,3 km/h vor. Mit der Eröffnung der Berliner Strecke ging übrigens der gesamte Postverkehr zwischen Hamburg und Berlin von den Landposten auf die Eisenbahn über.
Der Güterverkehr auf der Gesamtstrecke, mit Anschluß in Wittenberge an die Fabriken Sachsens, wurde im Januar 1847 aufgenommen. Er war der entscheidende Faktor für die hohe Rentabilität der Bahn.

Die hannoverschen Eisenbahnen erreichen die Elbe

Nachdem die Verhandlungen mit Hamburg gescheitert waren, sah sich das Königreich Hannover zwei Strömungen ausgesetzt. Die Strecke Hamburg–Berlin war endgültig auf dem rechten Elbufer vermessen worden, im nachbarlichen Herzogtum Braunschweig fuhr schon seit 1837 die erste deutsche Staatsbahn von Braunschweig nach Wolfenbüttel. Hier also der Zugzwang, »mitzuhalten«, beim Eisenbahnbau nicht abseits zu stehen. Andererseits sah sich das Königreich Hannover einer deutlichen Strömung gegenüber, die Eisenbahnen kategorisch ablehnte. Sie hatte ihren Grund in der Haltung des Königs und des Königlich Großbritannischen Vizekonsuls und Lloyd-Agenten Brons, die sich zunächst offen gegen jede Eisenbahn ausgesprochen hatten. Diese Einstellung übertrug sich schließlich auf bestimmte Gruppen in der Bevölkerung. Aus ihren Kreisen finden wir in »Offenen Sendschreiben«, Petitionen oder Denkschriften wahrhaftig eine Menge von Beweisen einer solchen eisenbahnfeindlichen Haltung, z. B.: »Man denke sich eine durch's Hannoversche führende, die Städte Braunschweig und Hamburg miteinander verbindende Eisenbahn. Braunschweig und Hamburg haben Handel, Hannover nur Spedition. Wer würde die Vorteile einer solchen Bahn haben? Die Hannoveraner würden die Reisenden und die Güter im Fluge durch ihre Provinzen eilen sehen, allen bisher gehabten Gewinn verlieren. Und wenn die Bahn eine Weltbahn würde, was nützte es den Hannoveranern? In drei, höchstens vier Stunden ist die Zeit und Raum aufhebende Lokomotive ihr Land durch- und ihren Städten vorbeigeflogen.« Oder in einem anderen Schreiben: »Die Anlage von Eisenbahnen im Hannoverschen gefährdet die verschiedensten Interessen der Untertanen, und diese Gefahr würde in unberechenbarem Grade vermehrt, wenn die hannoverschen Eisenbahnen nicht im eigenen Lande ihren End- und Ausgangspunkt fänden.«

Alte Ansicht des ersten Bahnhofs in Lüneburg (1848)

Daß trotz so vielfältiger Ablehnung im Königreich Hannover der Staat selbst die Initiative zum Bahnbau ergriff, muß heute Erstaunen erwecken. Ein am 11. Dezember 1841 eingereichter Antrag war bereits im Januar 1842 von beiden Häusern genehmigt worden mit den Worten: »... unter Vorbehalt weiterer Entschließungen über die vorgeschlagenen Bahn-Züge und deren Richtung, die sofortige Inangriffnahme der Bahn von Hannover über Lehrte und Peine nach der braunschweigischen Grenze zu beschließen, und die anschlagmäßig dazu erforderlichen Mittel von 1263000 Thalern zu bewilligen.« In weiterer Folge gab die Ständeversammlung ihre Zustimmung zum Bau der Linien von der Landeshauptstadt nach Minden und Celle mit der Fortsetzung nach Uelzen, nach Hildesheim und von Lüneburg nach Harburg.

Von allen genannten Bahnen wurde die Verbindung zwischen (Hannover–)Celle und Harburg wohl die wirtschaftlich bedeutendste. Ab 1. Mai 1847 rollten über diese Eisenbahnstrecke die Züge, ein halbes Jahr später als zwischen Hamburg und Berlin (15. Dezember 1846). Schon lange hatte man in Hannover die Stadt Harburg an der Elbe als den wirtschaftlichen Kristallisationspunkt des Königreiches ins Auge gefaßt, nachdem Lüneburg dieser Aufgabe nicht mehr gewachsen war. Das wirtschaftliche Wachstum

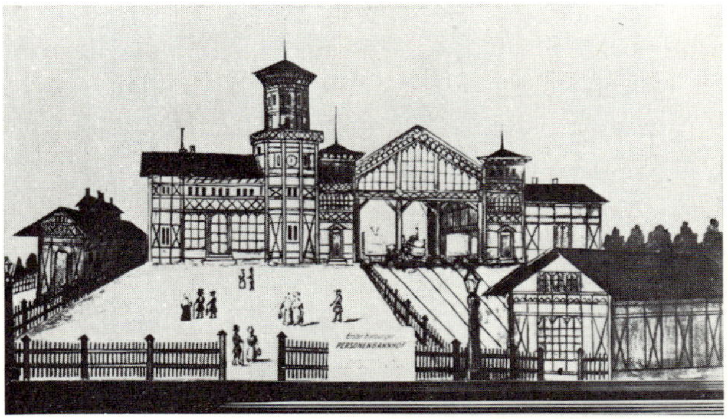

Der Endpunkt der Hannoverschen Staatsbahn in Harburg

des Landes erwartete man aus dem Überseehandel.

Vielleicht wäre diese Bahn nach Harburg nicht so schnell realisiert worden, wenn nicht das Gerücht umgegangen wäre, die Berlin-Hamburger Eisenbahn-Gesellschaft plane auch eine Bahn auf dem linken Elbufer zwischen den Städten an Spree und

Alster. Diese Bahn von Wittenberge über Hitzacker, Lüneburg bis Buchholz ist dann auch gebaut worden, aber erst 1873–74.
Die Eisenbahn bewirkte in Harburg einen schnellen Verfall des Frachtfuhrwesens, belebte aber den Hafenverkehr. Seit 1850 waren Seeschiffe, die Harburg anliefen, vom Stader Zoll befreit. Auch in den damals in gewaltigen Dimensionen aufkommenden Passagierverkehr nach Amerika konnte sich Harburg zeitweilig einschalten. Von 1848 bis 1854 gab es in Harburg sogar einen Freihafen. Er wurde aber wieder aufgehoben, als Hannover dem Deutschen Zollverein beitrat.
In demselben Maße, wie der Frachtfuhrverkehr zurückging, verstärkte sich der Speditionsbetrieb nach Hamburg. Bedrängend wurde das ganze Problem der Elbüberschreitung durch die günstige Entwicklung der Eisenbahn, die Bewegungsmöglichkeiten in bis dahin nicht geahnten Dimensionen erschloß. Nachdem am 1. Mai 1847 die Eisenbahnlinie Celle–Harburg in Betrieb genommen war, verwies deshalb Hannover wiederholt darauf, den Verkehr zwischen Harburg und Hamburg zu verbessern. Dabei dachte man aber nicht an die Eisenbahn, sondern an eine Verbesserung der Fährverbindungen über die beiden Elbarme und die Anlage einer neuen besseren Chaussee über die Insel Wilhelmsburg. In der von Hannover vorgebrachten Begründung hieß es, daß »diese Straße nicht bloß den Verkehr zwischen Hamburg und den benachbarten Teilen des Königreiches Hannover zu vermitteln habe. Sie gehöre vielmehr der durch Chausseen und Eisenbahn gebildeten großen Handelsstraße an, welche die erste deutsche Handelsstadt mit dem Süden, Westen und Südwesten von Deutschland und mit Holland und Frankreich fast ausschließlich verbindet, und es werden daher keineswegs bloß etwa hamburgische und lüneburgische Interessen verletzt, wenn diese umfassende Verkehrsverbindung etwa 60 Tage im Jahr, dem Zeitraum also, in dem durchschnittlich die Schiffahrt der Elbe gehemmt sei, an einer Stelle gar nicht oder nur

Dampf-Schiff-Fahrt
zwischen
Hamburg & Harburg
in directer Verbindung mit den Harburg-Celler Eisenbahnzügen
durch die vier Dampfschiffe
Primus, Phönix, Courier und Delphin.
Im Monat Juni 1853.

von Hamburg

Morgens 7½* Uhr, Schnellfahrt
„ 8½ „ Güterfahrt
„ 11 „ ord. Fahrt via Altona
Nachmittags 1 „ „
„ 2½* „ Schnellfahrt via Altona
„ 4 „ Güterfahrt
„ 5* „ Schnellfahrt
Abends 6 „ ord. Fahrt via Altona
„ 8 „ „

von Harburg

Morgens 6 Uhr, Güterfahrt
„ 7½ „ ord. Fahrt via Altona
„ 8* „ Schnellfahrt
„ 10¾* „ „
Nachmittags 1½ „ ord. Fahrt via Altona
„ 3 „ Güterfahrt
„ 4* „ Schnellfahrt via Altona
„ 7* „ „
„ 8 „ ord. Fahrt.

Die mit * bezeichneten Fahrten warten die Eisenbahnzüge ab.
Das um 6 Uhr von Harburg abgehende Dampfschiff wartet die Schnellpost ab.

Taxe der Ueberfahrt.

	Von Harburg ab Hannov. Crt.			Von Hamburg ab Hamb. Crt.		
Eine Person auf dem ersten Platz des Verdecks und in der Hinter-Cajüte	—	4	—	—	7	—
Eine Person auf dem zweiten Platz des Verdecks und in der Vorder-Cajüte	—	2	—	—	4	—
Ein Reitpferd, mit oder ohne Mantelsack	—	8	—	—	14	—
Koppelpferde, Ochsen, Kühe, Pferde am Wagen, das Stück	—	6	—	—	10	—
Schafe, Kälber, Schweine, Ziegen und Füllen, das Stück	—	2	—	—	4	—
Ein gewöhnlicher Reisewagen	1	8	—	3	6	—
Ein schwerer Reisewagen	2	—	—	5	—	—
Ein Frachtwagen (leerer)	2	—	—	5	—	—
Ein großer Lastwagen, z. B. Menageriewagen rc. nach Billigkeit, höchstens	4	—	—	10	—	—
Ein Einspänner	—	16	—	1	12	—
Eine Schiebkarre, leer oder beladen	—	3	—	—	6	—
Ein Sack mit Kartoffeln	—	1	—	—	2	—
Eine Tonne mit Eiern	—	4	—	—	7	—
Eine leere Tonne	—	2	—	—	4	—
Sonstige Handelsgüter: a) das Colli bis zu 3 Ctr incl.	—	4	—	—	7	—
b) das Colli über 3 Ctr für jede 100 ℔ mehr	—	2	—	—	4	—
Contanten in Fässern bis 200 ℔	—	8	—	—	14	—
von 200 ℔ und darüber	—	12	—	1	4	—
Koffer, Mantelsäcke und dergl. größere Packstücke: a) bis 60 ℔	—	2	—	—	4	—
b) über 60 ℔	—	4	—	—	7	—

Kleinere Packstücke der Reisenden sind frei.

Bemerkungen.

1) Den Bewohnern der Stadt Harburg und Hamburg und ihrer Umgegend, welche sich anheischig machen, die Fahrt zwischen beiden Städten wenigstens 12mal im Monate hin und her zu machen und die erste Cajüte benutzen, wird ein Abonnement dergestalt gestattet, daß sie 24 Ueberfahrtskarten, welche aber nur für den laufenden Monat gelten und nur von dem Abonnent selbst oder seinem Geschäftsvertreter benutzt werden können, für den Preis von 3 ℛ hannoversch Courant oder 7 ℳ 8 ß hamburger Courant lösen können.
2) Passagiere, welche den zweiten Platz benutzen, bezahlen für eine gefüllte Kiepe, überhaupt für solche Gepäckstücke, welche von dem einzelnen Passagier selbst getragen werden, die Gepäcktaxe nicht.
3) Alle auf Wagen und Pferden befindlichen Reise-Effecten sind frei.
4) Trinkgelder werden nicht entrichtet.
5) Schießpulver darf auf den Dampfschiffen nicht transportirt werden.
6) Zur Erleichterung des Verkehrs wird Pferden und Wagen eine freie Rückfahrt an dem Tage der erstmaligen Ueberfahrt zugestanden.
7) Die Passagiere werden höflichst ersucht, ihre bei der Casse gelös'ten Marken beim Besteigen des Dampfschiffes dem Capitain zu behändigen.
8) Der Betrag für an Bord gebrachte Frachtgüter ist an der Casse gleich zu entrichten.
9) Die Abfahrt geschieht in Harburg nach der Schloß-Uhr und in Hamburg nach der Michaelisthurm-Uhr, und werden die resp. Reisenden ersucht, ihre Wagen rc. eine Viertelstunde vor der Abfahrt an Bord zu schicken.

Hannoversche Eisenbahnzüge.

Abgang von Harburg:
5 Uhr — Minuten Morgens.
9 „ 20 „ „
4 „ 40 „ Nachmittags.
6 „ 45 „ Abends.

Ankunft in Harburg:
8 Uhr 10 Minuten Morgens.
10 „ 25 „ „
3 „ 25 „ Nachmittags.
6 „ 40 „ Abends.

Altona-Kieler Eisenbahnzüge.

Abgang von Altona:
8 Uhr 10 Minuten Morgens.
1 „ — „ Nachmittags.
5 „ 10 „ Nachmittags.

Ankunft in Altona:
10 Uhr — Minuten Morgens.
2 „ — „ Nachmittags.
7 „ — „ Abends.

Hamburg-Berliner Eisenbahnzüge. Abgang von Hamburg { Morgens 7 Uhr 30 Min. Nachmit. 5 „ — „ } Ankunft in Hamburg { Nachmit. 3 Uhr 50 Minuten. Morgens 10 „ 15 „ }

Den 17., 18. und 19. Juni: **Vogelschiessen.**

Hamburg. Druck von J. J. G. Wiemer jun. & Comp.

Fährschiffs-Fahrplan für die Verbindung zwischen Harburg und Hamburg, bzw. Altona, aus dem Jahr 1853

mit großen Schwierigkeiten und bedeutendem Zeit- und Kostenaufwand zu passieren sei.«
Im September 1848 schließlich stimmte Hamburg schriftlich diesen Begründungen Hannovers zu und entschuldigte die Verspätung mit chronischem Geldmangel. Unmittelbar danach begann eine technische Kommission ihre Tätigkeit. Schon ein Jahr später legte die Kommission ihren Bericht vor, der drei Hauptvorschläge enthielt: die Eindeichung der Insel Wilhelmsburg, die Anlage einer Chaussee, wozu detaillierte Angaben gemacht wurden, und die Einrichtung von Fähranstalten.
Mit Recht verwies die Kommission darauf, daß in

Zukunft weniger Reisende mit eigenem Fuhrwerk ankommen und auch die Frachtfahrten seltener werden würden, weil die Eisenbahn diese Dienste übernehmen werde. Die Fähren auf den so bestehenden Routen würden deshalb zur Zeit des offenen Wassers nur die Wagen von Uferbewohnern und einzelne mit eigener Equipage fahrende Reisende zu befördern haben. Zu aller Zeit jedoch, auch dann, wenn zur Überfahrt mit dem Dampfschiff keine Gelegenheit sei, müsse wegen der Eisenbahn mit lebhaftem Personen- und Effekten-Verkehr gerechnet werden.
Und noch etwas forcierte Hannover: die Umgehung Hamburgs durch die Bahnstrecke Lüneburg–Lauenburg–Büchen. Der Abschnitt Büchen–Lauenburg ist im Jahr 1851 im Zusammenhang mit dem Bau der Verbindung Hamburg–Berlin eröffnet worden. Am 15. März 1864 folgte die Anschlußstrecke Hohnstorf/Elbe–Lüneburg. Gleichzeitig mit dem Bahnhof Hohnstorf, dessen geräumiges Empfangsgebäude den Bahnhofsbauten der Südbahn ähnelte, ist auch die Trajektanstalt Hohnstorf–Lauenburg fertiggestellt worden. Anstatt über eine feste Brücke wurden die Eisenbahnen dort mit den beiden Raddampfern »Hohnstorf« und »Lauenburg« über die Elbe gesetzt.

Der Bahnhof Hohnstorf (1864–1878)

Trajekt-Dampfer mit Güterwagen in Hohnstorf

Auf jedem Schiff fanden vier Eisenbahnwagen Platz.
Die Fähreinrichtungen in Lauenburg und Hohnstorf bestanden aus einer sogenannten Fährklappe, die auf einer schiefen Ebene lief und mit Maschinenkraft den wechselnden Wasserständen entsprechend genau eingestellt werden konnte. Mit Hilfe einer Fährklappe wurde die Verbindung zwischen Schiff und Fährschleppe hergestellt. Die Wagen konnten nicht mit Lokomotiven auf das Schiff rangiert werden. Das mußte mit Seilwinden geschehen. Die Reisenden waren immer zum Umsteigen gezwungen, weil grundsätzlich nur Güterwagen trajektiert wurden. Die eigentliche Trajektierung dauerte nur 6 bis 10 Minuten; trotzdem besaßen die Schiffe Kajüten I. und II. Klasse, damit die Reisenden »auch auf der kurzen Fahrt nicht den Unannehmlichkeiten der Witterung ausgesetzt« waren. Von Ost nach West fand die Zollabfertigung im Bahnhofsgebäude von Hohnstorf statt. Die Fahrt von Lüneburg nach Lübeck dauerte 2½ bis 3 Stunden (siehe Folgekapitel).
Ab 15. März 1864 fuhren täglich vier Personenzüge in jeder Richtung, davon drei mit unmittelbarem Anschluß an die Züge der Lübeck-Büchener Eisen-

bahn. Es wurde bald sichtbar, daß das Fahrtenangebot vor allem im Güterverkehr nicht ausreichte. In den Folgejahren waren täglich bis zu 200 Güterwagen überzusetzen. Außerdem zeigte sich der Nachteil einer solchen Trajektierung deutlich in den Wintermonaten. Der Verkehr mußte während dieser Jahreszeit für längere Dauer eingestellt werden. Aus diesem Grund erklärten sich die drei beteiligten Bahngesellschaften (Berlin-Hamburger Eisenbahn-Gesellschaft, Lübeck-Büchener Eisenbahn-Gesellschaft, Hannoversche Staatsbahn) bereit, eine feste Brücke über die Elbe bei Lauenburg zu bauen. Sie wurde am 1. November 1878 nach rund 2½jähriger Bauzeit dem Verkehr übergeben. Obwohl die Brükke von vornherein für einen zweigleisigen Betrieb ausgebaut wurde, trug sie immer nur ein Gleis. Ein Fußweg außerhalb der Hauptträger war für den öffentlichen Verkehr zugelassen. Die Turmaufbauten auf den Pfeilern und Widerlagern machten die Brükke zu einem markanten Punkt in der Landschaft. Eine kleine Drehbrücke auf der Hohnstorfer Seite mit zwei Öffnungen von 13 Metern lichter Weite gestattete die Schiffsdurchfahrt im Bedarfsfall selbst bei Hochwasser. Als Werkstoff für die Überbauten

Die Eisenbahn-Elbbrücke zwischen Hohnstorf und Lauenburg (1878–1945)

verwendete man Schweißeisen. Am 19. April 1945 sprengten deutsche Truppen in völlig sinnloser Weise diese Brücke. Die englischen Soldaten setzten ohne große Verzögerung mit Schwimmpanzern über die Elbe. Ein ebenso unrühmliches Ende wurde der Eisenbahnbrücke bei Dömitz bereitet, die im Zuge der von der Berlin-Hamburger Eisenbahn-Gesellschaft gebauten Verbindung Wittenberge–Hitzacker–Lüneburg–Buchholz seit dem Jahre 1873 dem Verkehr diente. Während die Lauenburger Elbbrücke am 20. Mai 1951 als kombinierte Eisenbahn-Straßenbrücke wieder errichtet wurde, ist die Eisenbahnbrücke von Dömitz auch heute noch ein Symbol des geteilten Deutschlands.

Bahnanschluß für Lübeck

Für die alte Hansestadt Lübeck war der Bahnanschluß zur Existenzfrage geworden. Nachdem Stettin im Jahre 1843 eine Bahnverbindung mit Berlin erhalten hatte, waren dort die Jahreseinnahmen im Import um 600000 und im Export um 2100000 Taler gestiegen. Die Lübecker spürten, daß sie empfindlich ins Hintertreffen geraten waren. Das Projekt der direkten Chaussee nach Hamburg kam nicht recht von der Stelle; der Bahnbau nach Hamburg war in weite Ferne gerückt; der Antrag, eine Eisenbahn über Eutin nach Kiel zu bauen, war 1844 ohne Angabe von Gründen zurückgewiesen worden; die Versuche, eine Verbindung zur Berlin-Hamburger Bahn in Mecklenburg zu erhalten, scheiterten am Widerstand der mecklenburgischen Landstände.
Neue Hoffnungen weckte die Auflage an die Berlin-Hamburger Eisenbahn-Gesellschaft, von Büchen eine Stichbahn nach Lauenburg zu bauen. Lübeck war nun entschlossen, energisch Initiativen zu ergreifen. Der Senat sandte den Syndikus Elder nach Kopenhagen, der dort Sondierungsgespräche über eine Eisenbahn von Lübeck nach Büchen führen sollte. Das Interesse, die uralte Handelsstraße (Salzstraße) von

Lübeck über Lauenburg nach Lüneburg in neuer Form zu beleben, erwachte in den betroffenen Landstrichen. Die hannoversche Staatsbahn versprach dazu eine Anschlußbahn zur Elbe und wandte sich ihrerseits an Kopenhagen. Jetzt stand die dänische Regierung vor einer sehr schweren verkehrspolitischen Entscheidung, die für Lübeck negativ ausfiel. Denn am 23. Juli 1845 lehnte König Christian VIII. den Antrag im Hinblick auf seine bisher verfolgte Politik der Stützung seiner Herzogtümer Schleswig

Syndikus Dr. Peter Ludwig Elder

und Holstein und im Hinblick auf die Schiffahrtsabgaben in Form des »Sundzolls« ab. Die Empörung in der Hansestadt war groß. Lübeck wandte sich in seiner Not an den Deutschen Bund. Dieser Appell hatte Erfolg; alle Mitglieder des Bundes, an der Spitze Preußen und Österreich, verwendeten sich in Kopenhagen für die Hansestadt. Auch ausländische Staaten – Rußland, Schweden und Frankreich – schlossen sich an. Die geforderte Lübeck-Büchener Eisenbahn wurde zum europäischen Politikum. Einem so massiven Druck mußte Kopenhagen sich beugen. Am 23. Juni 1847 kam es zu einem Staatsvertrag, in dem Dänemark sich verpflichtete, eine Eisenbahn von Büchen bis an die lübeckische Grenze zu bewilligen und zugleich die Verbindung Lauenburg mit Lüneburg zu unterstützen. Lübeck hatte sich unter anderem folgenden Bedingungen zu unterwerfen: Es mußte für die Waren auf diesem Wege Transitzoll zahlen, auf alle Hoheitsrechte, die es auf der Stecknitz auf lauenburgischem Gebiet besaß, verzichten und die Errichtung einer dänischen Postanstalt in Lübeck gestatten.

Endlich hatte es Dr. Elder geschafft, worum er lange gerungen hatte. Leider verzögerten die politischen Ereignisse in Schleswig-Holstein in den Jahren 1848/50 die Verwirklichung des Vorhabens noch sehr. Erst am 27. Februar 1850 konnte die Geschäftstätigkeit der »Lübeck-Büchener Eisenbahn-Gesellschaft« beginnen. Die Bauarbeiten kamen dann allerdings zügig voran. Am 15. Oktober 1851 war es soweit: Die langersehnte Eisenbahnverbindung Lübecks nach Büchen war fertig (übrigens am selben Tag wie die Stichbahn Büchen–Lauenburg). So hatte Lübeck endlich den Anschluß an das Eisenbahnnetz und damit an Hamburg und an ein weites Hinterland gefunden. Allerdings war der Weg nach Hamburg über Büchen nun 97 km lang geworden (gegenüber der Direktverbindung von 63 km).

Wie man im Jahre 1853 von Lübeck nach Hamburg über Büchen fuhr, schilderte der Stockholmer Zollsekretär Hollertz, der mit seinem Chef, dem Freiherren Carl Heinrich Gyllenhaal dieses Abenteuer wagte: »Wir gehen zur Lokomotive und betrachten sie. Aus ihrem Dampfrohr braust und zischt der Dampf. Alle Wagen sind grün lackiert und haben Goldornamente. Zuerst kommen Wagen, auf deren Türen ›I. Classe‹ steht. Sie sind am teuersten, und ein jeder enthält ein fast vollständig möbliertes Zimmer mit Sofas, Spiegeln usw. und wird fast ausschließlich von

Alte Ansicht des ersten Bahnhofs in Lübeck in unmittelbarer Nähe des weltbekannten Holstentores

reisenden Fürstlichkeiten benutzt – oder von Schweden, die sich einmal ein Air von Vornehmheit geben möchten. Dann folgen die Wagen der zweiten Klasse, die meistens von besseren Leuten benutzt werden. An jedem zweiten steht ›Rauchcoupé‹. Danach kommen die Wagen der dritten Klasse, deren Sitze nicht gepolstert sind. Der Ton der Arbeiterklasse, die die Wagen der dritten Klasse zumeist bevölkert, ist im Verein mit der peinlichen Sauberkeit der Leute höflich und gesittet. Anschließend erblicken wir eine Reihe von Wagen, teils überdacht und die Sachen der Reisenden enthaltend, teils offen oder halbbedacht, davon einige voller Steinkohlen, andere beladen mit Wollballen oder Maschinen, Packen aller Art, Ochsen, Schafen und Schweinen.

Überall steigen viele Leute ein. Stimmengewirr, Gelächter, Abschiednehmen und Türenknallen erzeugen ein vielschichtiges Geräusch. Mein Baron fährt stets in der zweiten Wagenklasse, und wir wählen ein Rauchcoupé. Sobald alle ihre Plätze eingenommen haben, kommen die uniformierten Kondukteure und verschließen unsere Wagentüren mit einem Schlüssel, so daß wir völlig eingeschlossen sind. Jetzt laß uns sehen, wie es in der zweiten Klasse aussieht. Der Wagen, oder richtiger das Gemach, ist geräumig und für acht Personen berechnet. Vier Sofas, zwei nebeneinander, zwei gegenüber, sind mit gelbgrauem Tuch bezogen, auf Sprungfederung, mit geschwungenen Seitenlehnen, so daß beide Personen auf einer Polsterbank je eine runde Ecke zum Ruhen zur Verfügung haben. Die Lehnen sind so hoch, daß der Kopf auf der weichen Stütze bequem ruht. Der Fußboden ist mit einem dicken, weichen Teppich belegt. Von der Wand hängen breite, elastische Bänder herab und, hinter die Bänke gesteckt, teils Kissen für Kopf, Rücken oder Schultern, teils bezogene, luftgefüllte Schlaufen, durch die man die Arme stecken kann, wenn man noch bequemer ruhen will.

Dann erklingt eine gewaltige Glocke, und danach setzt ein langes, gelles Pfeifen ein. Darauf spüren wir, wie sich der Zug in Bewegung setzt. Die Wagen sind in einem Abstand von ungefähr einer Viertelelle durch Eisenglieder aneinandergekoppelt, und damit sie nicht zusammenstoßen, befinden sich dazwischen mit Kautschuk überzogene, federnde Puffer, die sich ständig berühren und wieder trennen. Die Wirkung des Anfahrens war anfangs recht eigentümlich.

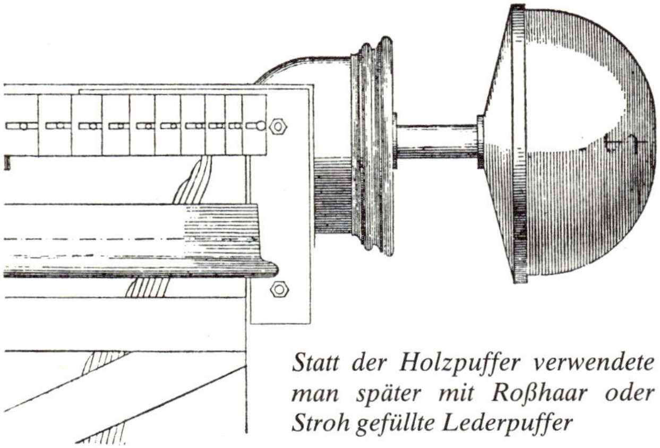

Statt der Holzpuffer verwendete man später mit Roßhaar oder Stroh gefüllte Lederpuffer

Wenn wir jetzt hinaussehen, bemerken wir, wie es in toller Fahrt weitergeht. Wer aber behauptet, daß die Kühe und Dörfer an uns nur so vorbeiflögen, der lügt – mit Verlaub gesagt. Man kann ein wenig im voraus die weidenden Kühe und die schmucken Dörfer erspähen sowie die vielen Wärterhäuschen im Schweizer-Stil wahrnehmen, mit ihrem Telegraphen auf dem Dach, dem umzäunten Blumengärtchen davor und dem Wärter auf der Treppe – die Hand an der Mütze.

Nach einer Fahrt von ungefähr zehn Minuten waren wir bereits weit fort und hielten vier Minuten an einem Bahnhof, um Reisende aus- und einsteigen zu lassen. Dicht neben der Bahn lag ein großes, geschmackvoll gebautes Steinhaus, dessen ganzes Untergeschoß aus einem einzigen hochgewölbten Saal bestand, wo man viele Passagiere bei ihren Butterbroten, Teetassen oder Biergläsern auf den Zug warten sah. Die Wagentüren wurden geöffnet, und der Beamte sagte höflich sein ›vier Minuten‹.

Gleich darauf fuhren wir weiter durch eine Menge Ortschaften und Marktflecken. Der Name eines jeden Ortes stand mit Riesenlettern an dem Bahnhofsgebäude. Acht Uhr war es jetzt, und obzwar mitten im Sommer, war es stockdunkel. Wir sausten über eine Brücke, die über einen breiten Fluß führte, ich steckte, obwohl es verboten war, den Kopf hinaus und sah eine Menge hoher, ungeheuerer Eisenschornsteine, den Minaretts der Türken vergleichbar. Bald blitzten Lichtmassen auf, bald war es stockfinster, man erkannte, daß man sich in einer großen Stadt befand, so zogen wir in Hamburg ein.«

Während des Baues dieser Bahn hatte man immer wieder prophezeit, der Verkehr der Kieler Bahn würde »mit einem Schlag« in einem Schätzwert von 3,75 Mio. Mark auf die neue Linie Lübeck–Büchen –Hamburg abfließen. Die Befürchtungen bestätigten sich nicht. Überhaupt ist ein schädigender Einfluß nicht spürbar geworden, obwohl die neue Verbindung zwei Meilen kürzer war als die Christianbahn. Diese Tatsache verfehlte nicht ihren Einfluß auf die bisher unnachgiebige Haltung der dänischen Regierung gegenüber einer direkten Verbindung Hamburg–Lübeck. So war der Weg endlich offen für eine Eisenbahnverbindung der beiden Hansestädte Hamburg und Lübeck. Noch 1850 mußte ein Antrag der Altona-Kieler Eisenbahn-Gesellschaft scheitern, die sich um eine Konzession für eine »Zweigbahn« von Altona nach Lübeck bemüht hatte. Jetzt aber, 1858, konnte ein entsprechender Vertrag für eine Hamburg-Lübecker Bahn schnell geschlossen werden. Der Bau der Anlage begann im Frühjahr 1863. Am 1. August 1865 erfolgte die Eröffnung der zunächst eingleisigen Bahn zwischen Hamburg und Lübeck. Erst in den Jahren 1875/76 kam dann auch das zweite Gleis hinzu.

Wie die Wandsbeker Bevölkerung die neue Eisenbahn aufnahm, schilderte der »Wandsbeker Bote«: »Schon in den Jahren 1859 bis 1862 stritt man sich in Wandsbek darüber, ob die Bahn nördlich oder südlich an Wandsbek vorübergeleitet werden sollte. Der weitaus größte Teil der Bevölkerung war für die

nördliche Linie mit dem Bahnhof auf Wendemuth, also auf dem noch unbebauten ›Königsland‹.
Für die südliche Linienführung hatte sich der neue Besitzer des Gutes Wandsbek privaten Anteils, der Grundstücksmakler Carstenn, ausgesprochen. Dieser hatte 1857 das Gut Marienthal, wie Wandsbek privaten Anteils benannt wurde, gekauft.
Nun standen die Meinungen des Gutsbesitzers Carstenn und die der Bürgerschaft sich scharf gegenüber. So hatte am 22. Juni 1859 die Wandsbeker Commune-Versammlung sich für den Bahnhof auf Wendemuth wegen der Lage der Wandsbeker Industrie am Mühlbach und gegen den Bahnhof auf dem sogen. Rübekamp oder Rövkamp im ersten Gehölz wegen der Zerstörung der dortigen Spaziergänge ausgesprochen. Trotzdem verfügte am 19. September 1861 das Königliche Ministerium für die Herzogtümer Holstein und Lauenburg, daß der Bahnhof statt auf Wendemuth auf dem Rövkamp anzulegen sei. Darüber war man im Flecken Wandsbek höchst verstimmt.
Die Zahl und Höhe der angemeldeten Entschädigungsansprüche war natürlich beträchtlich, da das Vorgehen des Gutsbesitzers Carstenn Schule gemacht hatte. So reklamierte der Müller Ahlers auf dem Pulverhof, daß er durch den Bahnkörper von den bisherigen Tränkstellen für sein Vieh abgeschnitten sei. Der Müller Wegener zu Lohe beantragte Entschädigungen für den Aufenthalt seiner Mahlgäste an der Überfahrt bei der Blockstation 140.
Außer diesen indirekten Gegnern der Bahn gab es auch solche, die offen dagegen auftraten. So ging es wieder einigen darum, daß nun die Abnahme der Elbschiffahrt und Verarmung der Schiffer und Frachtfuhrleute zu befürchten sei. Alle Pferdehändler und alle Schmiede des Umkreises widersetzten

Der Lübecker Bahnhof in der Spaldingstraße in Hammerbrook

sich der neuzeitlichen Einrichtung. Die Gastwirte glaubten ihre Existenz bedroht, und die Krämer in Wandsbek meinten nun, daß von nun an alle Waren nur noch in Hamburg gekauft werden würden.
Und es gab Sabotageakte!
Das bekamen schon die Ingenieure beim Ausstecken der Bahnlinie zu spüren. Sie wurden beim Betreten der Koppeln gehindert, die ausgestellten Richtstangen und Markpfähle fehlten häufig am nächsten Morgen. Bei Ahrensburg wurden nachts heimlich Bohlen über den Bahndamm gelegt, um die Lokomotive am Befahren der Strecke zu hindern. Aber schließlich wurde die Bahn doch fertig und Wandsbek stand endlich im Kursbuch, nach dreißigjährigem Hoffen.«
Die Eisenbahn endete in Hamburg im sogenannten Lübecker Bahnhof, der in der Spaldingstraße in Hammerbrook lag. Er gliederte sich in den eigentlichen Passagierbahnhof und den Güterbahnhof. Nicht unbedeutende Flächen des Hammerbrooks wurden durch die Anlage dieser Bahnhöfe in Anspruch genommen. Der noch unbebaute Raum zwischen der Spaldingstraße und der damals erst projektierten Norderstraße wurde zum Passagierbahnhof, ein Platz an der Ecke Spaldingstraße und Nagelsweg für das Verwaltungsgebäude und der Raum zwischen Hammerbrookstraße, Spaldingstraße und Heidenkampsweg zum Betriebsbahnhof bestimmt. Die Hochbauten, die wegen des schlechten Untergrundes nur aus Fachwerk hergestellt werden konnten, wurden rechtzeitig zur Bahneröffnung fertig. Gleichzeitig ist die an der Nordseite des Bahnhofs gelegene Norderstraße ausgebaut worden. Für den Güterbahnhof wurde der Platz zwischen Nagelsweg und der Sonninstraße ausgewiesen. An der Sonninstraße stand auch der Güterschuppen. Übrigens, die dort noch heute (1981) vorhandenen Gleisanschlüsse sind Restanlagen des alten Lübecker Bahnhofes. Ein Gleis führte über die Amsinckstraße hinweg zum Berliner Bahnhof. An der Vereinigungsstelle stand ein Güterschuppen.

Verbindungsgleise für den Passagierverkehr zu den übrigen Hamburger Bahnhöfen gab es nicht. Zwischen den einzelnen Verkehrsanlagen der verschiedenen Bahnen verkehrten Droschken und Pferdeomnibusse. Das genügte.

Signet der Lübeck-Büchener Eisenbahn-Gesellschaft

L.B.
E.G.

Die Hamburg-Altonaer Verbindungsbahn

Nach der Eröffnung der Christianbahn bildete sich in den Herzogtümern Schleswig und Holstein recht schnell ein ansehnliches Eisenbahnnetz. Trotz dieser Fortschritte litten alle Bahnen daran, daß ihnen der Anschluß an das übrige deutsche Eisenbahnnetz fehlte. Diese Isolierung war in erster Linie eine Folge der Zollverhältnisse, zum anderen spielten auch strategische Gründe eine Rolle.
Pläne für Anschluß- oder Verbindungsbahnen zwischen der Christianbahn und der Berliner Eisenbahn gab es schon seit 1845, also noch während der Bauarbeiten an der letztgenannten Bahnlinie. Einige Projekte sollen hier genannt werden, da sie der Bebauung und Verkehrsstruktur im heutigen Verdichtungsraum Hamburg ein ganz anderes Gesicht gegeben hätten:

Pinneberg–Harksheide–Poppenbüttel–Siek–Aumühle; Eidelstedt–Lokstedt–Eppendorf–Wandsbek–Siek–Aumühle; Diebsteich–Schulterblatt–Lombardsbrücke–Berliner Bahnhof.

Streckennetz der Eisenbahn in Schleswig-Holstein 1857

Das aber waren nur Gedanken, mehr oder weniger ausgereift. Die Eröffnungstermine der bisher in und um Hamburg erbauten Eisenbahnlinien erfolgten Schlag auf Schlag: 1842 fuhr die erste Eisenbahn bis Bergedorf, 1844 dampfte es von Altona bis Kiel, 1846 verkehrte die Eisenbahn zwischen Alster und Spree, und 1847 endete die Hannoversche Staatsbahn in Harburg an der Elbe. Das Dilemma war nur, daß jede Bahnlinie ihren eigenen Endbahnhof hatte, streng getrennt von den anderen. Eine alsbaldige »Verbindungsbahn« wäre logisch der nächste Schritt gewesen. Aber das Nächstliegende ließ lange auf sich warten.

Zunächst einmal behandelten alle drei Städte an der Elbe (Altona, Hamburg und Harburg) ihre Eisenbahn als ein handelsstrategisches Instrument, womit man dem anderen seinen Markt streitig machen konnte: Der Warenstrom von und zu den Seeschiffen sollte durch die Eisenbahn neu kanalisiert werden.

Nun interessierte den Kaufmann herzlich wenig der Kleinkrieg um den Warentransport innerhalb oder um die genannten Städte. Die Welthandelsstraße konnte auf Dauer niemals zwischen Harburg, Altona oder Hamburg unterbrochen bleiben. Eine die Endbahnhöfe verbindende Bahnlinie mußte her, und das sogar eilig. Mittlerweile mischte die Eisenbahn schon eifrig im Verkehrswesen mit; in der Mitte des vergangenen Jahrhunderts gab es folgende Netzlängen:

Großbritannien	10500 km	Frankreich	4000 km
Deutschland	6000 km	USA	15000 km

Daß die politischen und handelspolitischen Ereignisse jener Jahre um 1848 nicht gerade günstig für solche zwischenstaatlichen Verhandlungen waren, zeigten schon die Auswüchse um die Lübecker Eisenbahn. Erinnert sei noch einmal an den von Dänemark erhobenen Sundzoll, eine für den Freihandel lästige Einrichtung aus dem Mittelalter. Zahllos mögen die Verhandlungen um Senkung oder Streichung dieser Handelsbarriere gewesen sein. Aber erst als 1853 die inzwischen erstarkte Wirtschaftsmacht Amerika die Zahlung kategorisch verweigerte, fiel 1861 nach Zahlung einer Ablösesumme von 31 Mio. Talern die Zollschranke. Der Sundzoll und sein teuer erkaufter Wegfall wurde schließlich zum Junktim für eine Eisenbahn zwischen Lübeck und Hamburg.

Die Turbulenzen dieser Zeitepoche wurden noch vergrößert durch den Einsatz des Dampfschiffes auf den Weltmeeren, wodurch der Güteraustausch

sprunghaft anstieg und sich eine nie gekannte Einwohner- und Wirtschaftskonzentration in den Hafenstädten anbahnte.
Und noch etwas: 1848 fand der Schreiner James W. Marshal auf der Farm seines Herrn Johann August Sutter in Kalifornien Gold. Die ganze Welt geriet in Aufregung, der Rausch dauerte mehrere Jahre an, und Hamburg wurde mehr denn je zur Drehscheibe des Auswandererverkehrs. »Time is money« – vielleicht stammt der Ausspruch aus dieser Periode, denn nun sollte alles schneller gehen. Von den alten Wirtschaftssorgen Hamburgs war außer den Zöllen an der Oberelbe nur noch der von Hannover erhobene Stader Zoll übriggeblieben. Mit Hilfe Englands sollte Hannover dem Freihandel ein Opfer bringen. Hamburg hielt sich bei den Verhandlungen im Hintergrund. Von 1856 bis 1861 wurde beraten; schließlich kam die Einigung doch. Hamburg zahlte von der insgesamt drei Millionen betragenden Ablösesumme eine Million, England ebenfalls eine Million. Den Rest trugen andere. Im Windschatten erwirkte Hamburg die grundsätzliche Zustimmung Hannovers zum Bau der Eisenbahn-Elbbrücken und einer Eisenbahn nach Cuxhaven, die speziell dem Auswandererverkehr dienen sollte.
Unabhängig davon wurde auch über die Verbindungsbahn weiter verhandelt. 1856 trat in Altona ein unabhängiges Komitee zusammen, um die Frage einer bestmöglichen »Verbindungsbahn« zu prüfen. Es kam zu dem Schluß, daß der kürzeste Weg zwischen beiden Bahnen, nämlich vom Bahnhof Altona über Sternschanze und Lombardsbrücke, der günstigste sei. Gern hätte das Komitee die Verbindungsbahn selber gebaut, aber die Altona-Kieler Eisenbahn-Gesellschaft machte einen Strich durch diese Rechnung. Sie nutzte ihr altes Privileg für »Zweigbahnen« aus, denn sie befand sich damals in einer fatalen Lage. Die Lübeck-Büchener Bahn war schon im Betrieb und die direkte Eisenbahn von Hamburg nach Lübeck durch Vertrag (1858) gebilligt worden. Weitere Projekte, wie Neumünster–Segeberg–Oldesloe oder Lübeck–Eutin, waren bereits im Gespräch. Unter diesen Umständen mußte die Eisenbahngesellschaft – wenn sie nicht völlig ins Hintertreffen geraten wollte – auf ihrem Vorrecht bestehen und entschloß sich, die Verbindungsbahn und dazu die vom Komitee gleichzeitig begutachtete Strecke Altona–Blankenese selber zu bauen.

Der Bahnhof Schulterblatt (1865–1893)

Am 30. April 1860 schlossen Dänemark und Hamburg einen Vertrag über die Anlage einer »Verbindungsbahn zwischen dem Altonaer Bahnhof der Ostseebahn und dem Hamburger Bahnhof der Berliner Bahn«, aber man legte damals keine genaue Trasse fest. So begann in Hamburg das Tauziehen um die Linienführung. Einige wollten die Verbindungsbahn als Hafenanschlußbahn sehen, anderen schwebte eine Bahn um die Alster vor. Schließlich entschied man sich im Mai/Juni 1864 für den Bau durch die alten Festungsanlagen zwischen Klostertor und Dammtor. Während auf dem holsteinischen Teil der Güterverkehr bis zum Bahnhof Sternschanze schon am 30. September 1865 aufgenommen wurde, waren die Bauarbeiten auf Hamburger Gebiet noch im vollen Gange.
Eigentlich eine erstaunliche Tatsache: Im Jahre 1864 tobte der Deutsch-Dänische Krieg. Fast 100000 Soldaten – Deutsche, Österreicher und Dänen – prallten

Alte Ansicht des Bahnhofs Sternschanze (1865–1903)

aufeinander. »Hamburg wurde« – so der ›Hamburgische Correspondent‹ – »zur Bühne eines erregenden Schauspiels. Auf dem Bahnhof der Berliner Bahn, für die sich Moltke nicht von ungefähr eingesetzt hatte, lief tagelang alle drei Stunden ein Militärtransport ein, einmal blaue ungarische Husaren mit kleinen wilden Pferden, dann blanke preußische Kürassiere und rote Ziethen-Husaren, dann wieder Windischgrätz-Dragoner in langen weißen Mänteln, dazwischen Geschütze, Trainwagen und Munition. Die Hamburger konnten sehen, staunen, auch jubeln; nur wenigen wurde deutlich, daß für ihre Vaterstadt, die so erpicht war auf Selbständigkeit und nun den Großmächten als Aufmarschbasis gegen Dänemark dienen mußte, eine neue Epoche begonnen hatte: von nun an hatte Hamburg in der großen Politik kein Wort mehr mitzusprechen. Es ist bezeichnend, daß der Durchmarsch dem Senat vorher nicht mitgeteilt worden war und daß ihm auf seine Beschwerde gesagt wurde, das sei vergessen worden.«

Am 30. Oktober 1864 wurde der Friede in Wien geschlossen. Dänemark trat die Herzogtümer Schleswig, Holstein und Lauenburg an Preußen und Österreich ab, Hamburgs Nachbarn waren im Herzogtum Lauenburg von nun an die Preußen, in Schleswig und Holstein saßen die Österreicher und Preußen gemeinsam. Diese Allianz sollte nicht von langer Dauer sein; im Deutschen Krieg von 1866 verlor unter anderem Österreich seinen Einfluß in Schleswig-Holstein, Preußen wurde in jenem Jahr auch Hamburgs nördlicher Nachbar.

Trotz der kriegerischen Verwicklungen baute man an der Verbindungsbahn weiter. Am 16. Juli 1866 waren die Gleisanlagen der Hamburg-Altonaer Verbindungsbahn fertig, und der Betrieb wurde aufgenommen, obwohl die Arbeiten an den Hamburger Bahnhöfen Dammtor und Klostertor nicht rechtzeitig abgeschlossen werden konnten. Auf einer provisorischen Holzbrücke überquerten die Züge die Alster, bis die erste steinerne Lombardsbrücke im Jahre 1868 fertiggestellt war.

Die Verbindungsbahn mit ihrer Länge von 6,97 km, wovon auf Hamburger Gebiet 4,12 km entfielen, war sofort zweigleisig ausgebaut worden. Auf holsteinischem Gebiet führte sie vom Bahnhof Altona an der Palmaille über Bahnhof Schulterblatt zum Bahnhof Sternschanze. Die beiden letztgenannten Bahnhöfe dienten der Personen- und der Güterbeförderung. Vom Bahnhof Sternschanze ging es in der heutigen

Alte Ansicht des Bahnhofs Dammtor (1866–1903)

Zug der Verbindungsbahn 1868 auf der Lombardsbrücke

Lage vorbei am damaligen Zoologischen Garten (heute Planten un Blomen) zum Bahnhof Dammtor. Dieser nur für den Personenverkehr eingerichtete Bahnhof lag zwischen den Straßenzügen Esplanade und Alsterglacis (heute Grünanlage mit Schiller-Denkmal).
Ein weiterer Bahnhof, Ferdinandstor, war geplant, kam aber nicht zur Ausführung. Da der Berliner Bahnhof für die neue Trasse ungünstig lag, baute man unmittelbar davor einen neuen Bahnhof als Endpunkt für die Verbindungsbahn. Dieser Bahnhof, Klostertor genannt, war nur mit den rückwärtigen Gleisanlagen des Berliner Bahnhofs unmittelbar verbunden.
Die Betriebsführung übernahm die Altona-Kieler Gesellschaft. Wegen Unstimmigkeiten mit den Hamburger Staatsbehörden ging jedoch diese Aufgabe 1870 auf die Berliner Eisenbahn-Gesellschaft über.
Mit der Eröffnung der Verbindungsbahn begann in der hamburgischen Eisenbahngeschichte eine neue Ära. Die Eisenbahn rollte nicht mehr nur »ante portas«, sie war in die Stadt gekommen und begann, das Leben der Menschen mitzubestimmen und das Stadtbild zu formen.
Niemand hatte in den damaligen Gleisen der Verbindungsbahn das Kernstück einer Stadtbahn gesehen, so, wie sie sich uns heute darstellt, obwohl bereits anderenorts ein Teil des innerstädtischen Verkehrs auf Schienen stattfand. So gab es eine Art S-Bahn in London seit 1861 – und die Londoner U-Bahn (mit Dampfbetrieb) verkehrte seit 1863. Hamburg jedoch kann sich rühmen, daß es fast gleichzeitig mit der Inbetriebnahme der Verbindungsbahn eine Pferdebahn eröffnete, die zwischen Wandsbek und dem Rathausmarkt auf Schienen fuhr.

Der Klosterthorbahnhof 1880, dahinter das Klosterthor und die Türme des Berliner Bahnhofs

Die Schiene verbindet Stadt und Umland

Wie überall in der Welt führte der Industrialisierungsprozeß auch in Hamburg dazu, daß sich immer mehr Menschen ansiedelten. Gab es auf der Erde im Jahre 1700 erst 41 Städte mit mehr als 100000 Einwohnern, so waren es im Jahre 1800 schon 65, 1850 dagegen schon 114 (1900: 299).

Die Einwohnerzahl von Hamburg wuchs ebenso rapide:

1820	133000	1850	182000	1871	300000
1830	153000	1860	227000	1900	706000

Es entstanden zunehmend größere Produktionsstätten; dadurch fielen Wohnung und Arbeitsplatz für immer mehr Menschen nicht mehr zusammen. Die notwendige Folge war das, was wir heute »Berufsverkehr« nennen, der in Hamburg zunächst fast ausschließlich durch den Pferdeomnibus, den Alsterdampfer und seit 1866 vor allem durch die Pferdebahn bewältigt wurde.

Erst ganz allmählich wuchs die Verbindungsbahn über ihre ursprüngliche Aufgabe – die Lücke zwischen den beiden »großen« Eisenbahnlinien zu füllen – hinaus. Sie gewann auch für den innerstädtischen Verkehr Bedeutung, die noch zunahm mit der ersten »Vorortsbahn«, der Eisenbahn von Altona nach Blankenese.

Wie schon berichtet, war die Nivellementskonzession für die Verbindungsbahn zusammen mit der für die Blankeneser Bahn erteilt worden. Es gab hauptsächlich zwei Gründe für den Bau dieser Bahn. Einmal glaubte man, daß die Bauerlaubnis für die Verbindungsbahn nur in Gemeinschaft mit der Blankeneser Zweigbahn zu erhalten sei, zum anderen stieg der Ausflugs- und Vorortsverkehr in die Elbdörfer ständig, so daß man eine Rendite von 5% erwarten konnte.

Obwohl die Elbchaussee seit etwa 1750 als Privatstraße vorhanden war, hatte sich der städtische Pferdeomnibus zu den Elbgemeinden nicht so recht entwickelt. Mehrere Versuche waren gescheitert, der

Alte Ansicht des 1868 vergrößerten Altonaer Bahnhofs

letzte 1864. So kam der »Fortschritt« also zeitgerecht und mit ihm ein sprunghaftes Ansteigen des Ausflugsverkehrs.

Vom 19. Mai 1867 ab, dem damaligen Bußtag im Königreich Dänemark, fuhr die neue Bahn mit täglich vier Zugpaaren. Mit diesem Tag ging auch der gesamte Postverkehr mit den Elbgemeinden auf die Eisenbahn über. Tags zuvor noch gab es ein kleines Volksfest, als der Blankeneser Postmeister Scharn seine letzte Postfuhre nach Altona kutschierte.

Die Fahrt von Altona nach Blankenese dauerte 30 Minuten (heute 13 Minuten mit vier Zwischenhalten), hinzu kam noch die zollamtliche Abfertigung in Altona. Bei Bedarf hielten die Züge auch in den Dörfern Bahrenfeld und Flottbek. Dort waren nur kleine Holzhäuschen aufgestellt worden, und einfache Holzschwellenkanten markierten den Bahnsteig. Sollte der Zug halten, schwenkte der Bahnwärter eine rote Fahne, im Dunkeln eine rote Laterne. Der Altonaer Bahnhof mußte wegen der Blankeneser Strecke und der Verbindungsbahn erheblich ausgebaut werden. Allein die Erweiterung des Empfangsgebäudes verschlang 300000 Taler. Zudem erhielt der Bahnhof bei dieser Gelegenheit eine hallenartige Bahnsteigüberdachung.

Beschauliche Ruhe am Bahnhof in Wedel

Der Personenverkehr auf der Blankeneser Bahn entwickelte sich gut, namentlich nachdem 1883 die 9,4 km lange Secundärbahn nach Wedel eröffnet wurde. Oft mußten an den Sonntagen Sonderzüge gefahren werden. Die Fahrt war für Ausflügler besonders attraktiv, da auf dieser Strecke auch doppelgeschossige Wagen fuhren, auf deren Oberdecken, über eine äußere Wendeltreppe erreichbar, dem Fahrgast der ganze Reiz der schönen Elblandschaft dargeboten wurde. Die Jugend allerdings zog die offenliegenden Plattformen an den Wageneingängen vor.
Ebenso wie bei der Verbindungsbahn waren auch bei der Blankeneser Bahn die Gleise im Straßenniveau verlegt worden. Zahlreiche Schranken umsäumten die Strecke. Mit den stetig steigenden Zugfahrten und dem Ausbau der Bahn zu einer zweigleisigen Strecke in den Jahren 1895/97 verminderte sich ihre Zahl stark. Die letzten schienengleichen Übergänge verschwanden mit der Elektrifizierung 1907.
Heute entdecken nur ganz Aufmerksame auf der Fahrt von Altona nach Blankenese die alten Bahnwärterhäuschen, die noch immer von einer vergangenen Epoche hamburgischer Eisenbahngeschichte träumen.

Der Brückenschlag über die Elbe

1872 fuhren erstmalig Eisenbahnzüge über Elbbrükken in Hamburg ein, 15 Jahre früher, als es für den Straßenverkehr möglich war. Hamburg war eben eine seefahrtbezogene Stadt, und – so unglaublich es klingt – die Mehrheit der Bevölkerung hatte sich mit dem »gebrochenen« Verkehr abgefunden. Anders sahen es der Handel und die Handelsreisenden, die es schon immer eilig hatten. Wäre es also nur um die Verbindung zwischen Hamburg und Harburg gegangen, dann hätte man noch weiter auf die Elbüberbrückung warten können (so etwa wie erst heute der Süderelberaum durch einen S-Bahnanschluß aus dem Windschatten heraustritt, lange nach Wedel, Bergedorf oder Pinneberg). Andere Kräfte und Strömungen forcierten also den Bau der Eisenbahnelbbrükken, die als »Brücke zum Süden« heute für Hamburg mehr als nur Symbolcharakter hat.
1862 wurde der kühne Plan gefaßt, die Eisenbahnnetze Frankreichs, Belgiens und der Niederlande miteinander zu verbinden und durch Deutschland eine Bahn von den Grenzen der Niederlande über Osnabrück, Bremen und Hamburg nach Skandinavien und via Hamburg-Berliner Bahn/Ostbahn über Ostpreußen nach Rußland zu bauen.
Unter dem Namen »Gesellschaft directer Eisenbahn von Paris nach Hamburg, Norddeutsches Eisenbahnnetz« bildete sich ein entsprechendes Konsortium. Die Geldmittel sollten weitgehend aus dem Hause Rothschild (Paris) fließen. Die Gesellschaft knüpfte an das vorhandene Netz im Ausland an, das von Paris bis Maastricht reichte, während das Bauvorhaben der niederländischen Regierung, eine Eisenbahnverbindung von Maastricht nach Venlo (an der niederländisch-deutschen Grenze gelegen), gerade vor der Eröffnung stand. Von Venlo wollte die neue Gesellschaft ihre Bahn bis zum 374 km entfernten Hamburg vorantreiben, wobei Zweigbahnen die Kohlenreviere erschließen sollten. Ein wahrhaft faszinierender Plan, den Atlantik mit der Ostsee zu

Alte Ansicht der Norderelbbrücke im Jahr der Fertigstellung 1872

verbinden und gleichzeitig Skandinavien und Rußland Westeuropa näherzubringen.
Es mag überraschen, daß bei der Vielzahl der betroffenen Länder keine unermeßlichen Schwierigkeiten auftauchten. Besonders Preußen war an der Sache sehr interessiert. Die erste Hürde, die das Projekt zeitlich in Verzug brachte, baute das Königreich Hannover auf. Dort wollte man das landesüblich eingeführte Staatsbahnprinzip nur ungern durchbrechen und machte den alternativen Vorschlag, die Bahn von Osnabrück bis Hamburg selbst zu bauen. Über die Trassierung kam es dazu noch zum Streit zwischen Preußen und Hannover, ferner sollte Hamburg den Brückenbau finanzieren und die Hoheitsrechte nach Fertigstellung an Hannover abtreten. Hamburg winkte ab. Noch waren die Verhandlungen nicht abgeschlossen, da kam es zum Krieg von 1866. Preußen übernahm alsbald die Hannoverschen Staatsbahnen, verwarf nun aber den internationalen Plan und erteilte der »Cöln-Mindener Eisenbahn-Gesellschaft« die Konzession für die Gesamtstrecke von Venlo bis Hamburg. Hamburg trat durch den Staatsvertrag vom 18. März 1868 hinzu und gab der »Cöln-Mindener Eisenbahn-Gesellschaft« den Auftrag, die Strecke bis Hamburg auszubauen. Auch der Brückenschlag über die Elbe und der Anschluß an die Verbindungsbahn beim Klostertorbahnhof gehörten zum Vertrag. Die Arbeiten begannen sofort. Die Süderelbbrücke ist 1869–71 und die Norderelbbrücke 1868–72 erbaut worden.
Die »Cöln-Mindener Eisenbahn-Gesellschaft« hatte für den Bau der Elbbrücken einen Wettbewerb aus-

Alte Ansicht des Venloer- oder Pariser Bahnhofs im Jahr 1872. Ab 1892 wurde er Hannoverscher Bahnhof genannt

geschrieben. Den Zuschlag erhielt die Firma Johann Caspar Harkort in Duisburg. Der imponierende Brückenbau erfolgte nach Entwürfen und unter Leitung des Regierungs- und Baurates Lohse.

Am 15. Oktober 1872 fand die erste Fahrt über die Hamburger Elbbrücken statt; am 1. Dezember 1872 ist die Strecke Harburg–Hamburg dann offiziell eröffnet worden. Sie hatte eine Länge von 10,8 km. Da es sich bei diesem kurzen Streckenabschnitt um einen außerordentlich teuren Bau handelte, wurde in die Personen- und Gütertarife ein Entfernungszuschlag von 12 km eingerechnet. Dieser indirekte »Brückenzoll« bestand bis 1889. Im Eröffnungsjahr fuhren über die Elbbrücken täglich 10 Züge (heute sind es rund 600).

Die Bahnlinie endete in Hamburg unweit der Elbe auf dem Grasbrook in einem Kopfbahnhof, dem man zunächst den Namen »Pariser Bahnhof« oder auch »Venloer Bahnhof« gab. Im Jahre 1892 wurde er umbenannt in »Hannoverscher Bahnhof«. Die Anschlußgleise zur Verbindungsbahn führten durch das Portal dieser Bahnanlage vorbei am Berliner Bahnhof direkt zum Klostertorbahnhof.

Wie die Verbindungsbahn zum »Sesam öffne dich« aus dem Norden geworden war, so öffnete diese Bahn Hamburgs Tor zur südlich gelegenen Welt.

Die Unterelbebahn

Gleichzeitig mit der Eröffnung des Zugverkehrs über die Elbbrücken erhielt Harburg an der Grubestraße einen neuen Bahnhof. Ihm allerdings war von vornherein ein vorübergehendes Dasein beschieden, denn während noch die Eisenbahnverbindung nach Bremen ihrer Vollendung entgegenging (sie wurde erst am 1. Juni 1874 eröffnet, also 1½ Jahre nach dem Brückenschlag), kamen die Verhandlungen über den Bau einer Eisenbahn von Harburg nach Cuxhaven in ein konkretes Stadium.

Die erste Vereinbarung für den Bau einer Bahn nach Cuxhaven stammt aus dem Jahr 1857. Danach sollte eine Eisenbahn zwischen Hamburg und Harburg an der Unterelbe entlang bis etwa nach Horneburg verlängert werden. Dort wollte man einerseits den Anschluß an die im Bau befindliche Geestebahn (zwischen Bremen und Geestemünde/Bremerhaven) schaffen und andererseits die Fortführung nach Cuxhaven realisieren. Dann tauchte der schon geschilderte Gedanke einer internationalen Bahn auf, und der Bau jener Strecken wurde zunächst einmal zurückgestellt. Die Berlin-Hamburger Eisenbahn-Gesellschaft verwirklichte jedoch 1874 eine für den norddeutschen Raum interessante Verbindung von Wittenberge, Dömitz/Elbe, Dannenberg, Lüneburg nach Buchholz.

Alte Ansicht des eigens für die Verbindung Wittenberge–Buchholz geschaffenen Bahnhofs in Lüneburg (1879)

Die Westseite des Bahnhofs in Lüneburg 1925

1872 – die Elbbrücken standen gerade vor der Fertigstellung – hatte ein Berliner Unternehmen, die »Cuxhavener Eisenbahn-, Dampfschiff- und Hafen-Actien-Gesellschaft«, die Konzession für den Bau einer Eisenbahn zwischen Harburg und Cuxhaven erhalten, durch die vor allem die Hafenanlagen im zu Hamburg gehörenden Ritzebüttel bahnseitig angeschlossen werden sollten. Die 1873 begonnenen Hafenbauten in Cuxhaven wurden aber wegen Geldmangel bald wieder eingestellt, und bei der Eisenbahn rührte sich überhaupt nichts. Erst 1878 bot sich eine belgische Firma an, die »Société belge des chemins de fer«, diese Bahn zu finanzieren. Nach Übertragung an die »Unterelbesche Eisenbahn-Gesellschaft« wurde der Bau alsbald begonnen.

Am 1. April 1881 konnte die Strecke Harburg–Stade vollendet und am 11. November 1881 die 103,32 km lange Gesamtstrecke bis Cuxhaven eröffnet werden. In Harburg erhielt die Bahn einen eigenen Bahnhof (Unterelbescher Bahnhof) nordwestlich der Stadt am Fuße der Schwarzen Berge. Mit den anderen Bahnen

Der Bahnhof in Stade 1892

in Harburg stand sie mit nur einem Gleis in Straßenhöhe in Verbindung. Dennoch sah schon der Winterfahrplan 1882 durchgehende Züge Cuxhaven–Hamburg–Venloer Bahnhof und umgekehrt vor. 1890 ist die Unterelbesche Eisenbahn-Gesellschaft von Preußen für knapp 16 Millionen Mark erworben und verstaatlicht worden.

Cuxhaven, im hamburgischen Amt Ritzebüttel, war bis 1938 eine Exklave der Freien und Hansestadt Hamburg. Die natürliche Verbindung stellte die Elbe dar, doch war dem technischen Fortschritt hier Tür und Tor geöffnet. 1837 wurde eine optische Telegraphenlinie nach Cuxhaven durch J. L. Schmidt aus Altona angelegt, welche anfänglich acht Stationen erhielt, in Cuxhaven, Dobrock, Klintberg bei Hechthausen, Stade, auf dem Kösterberg bei Blankenese, in Altona und in Hamburg auf dem Baumhause. Später kam noch eine Station in Schulau hinzu. 1853 war eine Chaussee von Ritzebüttel über Altenbruch, Otterndorf, Stade nach Harburg und eine andere über Altenwalde an die Straße nach Bremerhaven fertiggestellt worden. (1872 waren die beiden Gemeinden Ritzebüttel und Cuxhaven unter dem Namen Cuxhaven vereinigt worden.)

Entsprechend den ganz anders gearteten Aufgaben, die der Hafen von Cuxhaven gegenüber Hamburg zu erfüllen hatte, sind dort auch die Hafenbahnen anders entwickelt worden. Abgesehen von dem Fischereihafen mit seinen gewerblichen Nebenbetrieben, kam Cuxhaven von vornherein fast nur für den Personenverkehr nach Übersee in Frage, der in Cuxhaven bereits an das Eisenbahnnetz angeschlossen werden sollte. Gleich nach Vollendung der Unterelbeschen Bahn von Harburg nach Cuxhaven ging man daran, die Bahn bis zum Hafen zu verlängern. Grundlage war ein Vertrag vom 25. April 1882 mit Hamburg, wonach die Bahn auf Hamburgs Rechnung zu bauen und von der Unterelbeschen Bahn pachtweise zu betreiben sein sollte. Am 2. September 1882 wurde die zum östlichen Ufer des Alten Hafens führende 1,11 km lange Strecke provisorisch dem Betrieb übergeben und damit ein unmittelbarer Übergang zwischen Eisenbahn und Schiff ermöglicht; endgültig nahm man am 27. Mai 1884 den Betrieb auf. Bereits im Sommer 1882 hatte die Unterelbe-Gesellschaft mit dem eigens dafür gecharterten Dampfer »Tell« den Verkehr mit Helgoland aufgenommen und anfangs die Fahrgäste zwischen Hafen und Bahnhof durch Pferde-Omnibusse befördert. Am 24. August 1885 wurde die Einrichtung des Seebäderdienstes der Unterelbe-Gesellschaft durch allerhöchsten Erlaß für Preußen genehmigt.

Fast gleichzeitig begannen die Bestrebungen, die neue Bahnanlage auch für den Überseeverkehr nutzbar zu machen, zumindest für den Postverkehr. Als dann 1887 die HAPAG zum Schnelldampfer-Verkehr mit Nordamerika überging, kam es 1889 zu einem Vertrag mit der Unterelbeschen Bahn über die Einrichtung von Sonderzügen für die Amerika-Reisenden zwischen Hamburg und Cuxhaven und zu einem Abkommen über die Herstellung eines Empfangsgebäudes und eines Eisenbahnanschlusses zu dem neuen Landungshöft. Am 6. Mai 1889 fuhr bereits der erste HAPAG-Sonderzug nach Cuxhaven, um die Passagiere des einkommenden Dampfers »Hammonia« in Empfang zu nehmen. Am 1. Juni 1889 rollte der erste Zug von Cuxhaven nach Hamburg für den neuen Schnelldampfer »Auguste Victoria«, der damals das »Blaue Band« innehatte. Damit

begann der regelmäßige Dienst. Die Entwicklung war indes noch nicht abgeschlossen. Die HAPAG verlangte dringend nach einer größeren Landungsanlage und nach einem sichereren Hafen für die immer größer werdenden Schiffe. So kam es zu der Anlage des Neuen Hafens, etwas oberhalb des Alten Hafens, der als offener Tidehafen gebaut wurde.
1891 wurde vom Unterelbeschen Bahnhof in Cuxhaven zum Gelände zwischen dem Fort Kugelbake und Duhnen die eingleisige sogenannte Kanonenbahn durch das Reichsmarineamt hergestellt. Ein neuer, drei Meter tiefer Fischereihafen ist 1897 entstanden, und im Januar 1901 konnte ein 8,4 ha großer Seehafen eröffnet werden. Ein neuer, großzügiger Personenbahnhof eigens für den Amerika-Verkehr wurde 1902 mit den dazugehörigen Gleisbauten fertig, während die Schiffe im Neuen Hafen schon bedeutend früher festmachen konnten; als erste die »Fürst Bismarck« im Januar 1897. Mit der »Graf Waldersee«, dem damals größten Dampfer der Welt, wurden die kompletten Anlagen eingeweiht.
Übrigens, der Name »Alte Liebe« in Cuxhaven ist wie folgt entstanden: Zur Anlegung eines Bollwerks um 1720 sind dort drei alte Schiffe versenkt worden. Das größte davon hieß »Die Liebe«. Der Volksmund nannte dieses Bollwerk sehr bald die »Alte Liebe«.

Fahrplan

der Strecke

Harburg-Cuxhaven.

Gültig vom 11. November 1881 an.

von Harburg nach Cuxhaven			Stationen	von Cuxhaven nach Harburg		
2. Personenz. I–IV. Cl.	4. Gem. Zug I–IV. Cl.	6. Personenz. I–IV. Cl.		1. Personenz. I–IV. Cl.	3. Gem. Zug I–IV. Cl.	5. Personenz. I–V. Cl.
8 25	2 25	9 2	Abfahrt Harburg Staatsbahnhof ↓ Ankunft	9 55	3 39	8 16
8 43	2 47	9 20	Harburg Unterelbe	9 37	3 19	8 25
8 55	3 3	9 32	Neugraben	9 26	3 5	8 14
9 11	3 28	9 48	Buxtehude	9 9	2 44	7 57
9 25	3 46	10 2	Horneburg	8 55	2 22	7 43
9 45	4 15	10 22	Stade	8 36	1 57	7 24
10 1	4 35	10 38	Himmelpforten	8 16	1 29	7 4
10 11	4 48	10 48	Hechthausen	8 6	1 16	6 54
10 21	5 1	10 58	Basbeck-Osten	7 54	1 2	6 42
10 28	5 11	11 5	Warstade-Hemmoor	7 47	12 52	6 35
10 37	5 20	11 14	Höftgrube	7 38	12 41	6 26
10 44	5 31	11 21	Cadenberge	7 32	12 32	6 20
10 51	5 40	11 28	Neuhaus	7 23	12 21	6 11
11 3	5 57	11 40	Otterndorf	7 11	12 5	5 59
11 14	6 12	11 51	Altenbruch	6 57	11 46	5 45
11 28	6 [illegible]	12 0	Ankunft Cuxhaven Abfahrt	6 47	11 33	5 36

Harburg, den 4. November 1881.

Die Direction.

Der zweigleisige Betrieb auf der Gesamtstrecke wurde am 1. Mai 1902 aufgenommen. Die Staatsbahn hatte sich dazu entschlossen, nachdem die HAPAG ihr einen jährlichen Mindestertrag aus den Übersee-Sonderzügen zugesichert hatte.
Der Hafen von Cuxhaven ist von 1912 bis 1914 für die Schiffe der Imperator-Klasse zu dem noch heute so bezeichneten »Amerika-Hafen« erweitert worden. Dabei wurden auch die Eisenbahnanlagen dem weiter steigenden Verkehr angepaßt. Nach diesem Ausbau wurde der zeitweise beträchtliche Auswandererverkehr in Hamburg lediglich disponiert. Die eigentliche Verschiffung in die Neue Welt erfolgte grundsätzlich in Cuxhaven.
Hamburg war, wie auch Bremen, vor dem Ersten Weltkrieg das große Ausfalltor Mitteleuropas für den Personenverkehr nach Übersee geworden. 364000 Passagiere reisten allein 1913 über Hamburg aus. Diese hohe Zahl konnte nach dem Ersten Weltkrieg nicht annähernd wieder erreicht werden. Die Beförderung von Auswanderern, früher ein dominierender Geschäftszweig der Hamburger Großreedereien, fiel nach 1923 fast ganz aus und wurde durch einen sich langsam steigernden Reiseverkehr im Rahmen der natürlichen Intensivierung der Verkehrsbeziehungen zweier Kontinente ersetzt. 1920 bewegte sich der überseeische Personenverkehr über Hamburg auf einer Höhe, die etwa einem Zwanzigstel vom letzten Vorkriegsjahr entsprach.
Heute dient die alte Hafenbahn in Cuxhaven – mit ganz wenigen Ausnahmen – nur noch dem Güterverkehr. Die veränderten Verhältnisse im Überseeverkehr haben auch dort ihren Stempel deutlich aufgedrückt.
Erst nach der Verstaatlichung der Cöln-Mindener und der Unterelbeschen Bahn erhielt Harburg einen neuen Gemeinschaftsbahnhof, der die Strecken von Hannover, Bremen und Cuxhaven aufnehmen konnte. Der neue Bahnhof wurde am 1. Mai 1897 in Betrieb genommen. Das Bahnhofsgebäude besteht aus zwei, durch einen eisernen Verbindungssteg verbundenen Baukörpern, dem mehrgeschossigen Vorgebäude und dem zweistöckigen »Insel«-Gebäude. Die Architektur, von Prof. Stier in Hannover entworfen, ist in dunkelrotem Backstein ausgeführt und macht mit ihrer gedrungenen, zum Teil im neuromanischen Stil gehaltenen Form einen etwas düsteren Eindruck. Im Zusammenhang mit dem S-Bahnbau wird der Bahnhof Harburg nach 1983/84 unter Berücksichtigung der Denkmalpflege ein neues, einladendes Aussehen erhalten.

Aus Linien wird ein Streckennetz

Ein Blick auf den Werdegang der verschiedenen Eisenbahngesellschaften zeigt die Entwicklung von den ersten, oft zufällig anmutenden Schienenbahnen bis hin zu einem zielstrebig geplanten, dichten Streckennetz in unserem Raum. Wie überall gab es auch in Norddeutschland eine nicht geringe Anzahl von mehr oder weniger bedeutenden Privatgesellschaften. Die wichtigsten waren wohl:

Berlin-Hamburger Eisenbahn-Gesellschaft
Altona-Kieler Eisenbahn-Gesellschaft
Lübeck-Büchener Eisenbahn-Gesellschaft
Unterelbesche Eisenbahn-Gesellschaft
Cöln-Mindener Eisenbahn-Gesellschaft

In nicht unerheblicher Weise hat auch die Hannoversche Staatsbahn das Eisenbahnnetz in unserem Raum gestaltet.
Die durch die Berlin-Hamburger Eisenbahn-Gesellschaft 1846 eröffnete Bahnverbindung zwischen Elbe und Spree entwickelte sich schnell zu einem bestens bewährten und überdies sehr einträglichen Verkehrsweg. Die Aktien dieser Gesellschaft wurden bald ein begehrtes Papier, und es war besonders schwer, gerade diese Bahn in staatliche Hände zu bekommen. Linienführung, Güte und Widerstandsfähigkeit des Oberbaues waren die Komponenten, die zu immer größeren Geschwindigkeiten auf dieser Bahnlinie ge-

radezu herausforderten. Das zweite Gleis wurde bereits 1848 auf der Strecke Spandau–Nauen und 1849 auf der Strecke Hamburg–Wittenberge mit Ausnahme der Abschnitte Grabow–Ludwigslust und Büchen–Friedrichsruh fertiggestellt. Im Juni 1866 fehlte das zweite Gleis dann nur noch auf der mit einer Gleisverschlingung versehenen Havelbrücke bei Spandau, die erst 1883 zu einer zweigleisigen Drehbrücke ausgebaut wurde.

Bei der Wichtigkeit der Verbindungen für die beiden großen Verkehrspunkte Berlin und Hamburg wurden die schnellen Zugverbindungen zwischen den beiden Städten – neben dem Güterverkehr – besonders gepflegt. Schon bald erreichte die Strecke mit der Kürze der Fahrzeit und der hohen Reisegeschwindigkeit ihrer Schnellzüge mehr und mehr eine führende Stellung unter den Eisenbahnen Deutschlands und der Welt.

Die folgende Tabelle gibt einen kleinen Überblick:

Personenzug, Frühjahr 1848
  Berlin ab 7.30 Uhr vormittags / Hamburg an 3.24 Uhr nachmittags,
  7 Stunden 54 Minuten oder 36,3 km/h Reisegeschwindigkeit;

»Courier-Zug«, Frühjahr 1853
  Berlin ab 11.00 Uhr abends / Hamburg an 5.30 Uhr morgens,
  6 Stunden 30 Minuten oder 44,2 km/h Reisegeschwindigkeit;

»Courier-Zug«, Winter 1868
  Berlin ab 11.00 Uhr abends / Hamburg an 5.14 Uhr morgens,
  6 Stunden 14 Minuten oder 46 km/h Reisegeschwindigkeit;

»Courier-Zug«, Sommer 1873
  Berlin ab 11.30 Uhr abends / Hamburg an 4.59 Uhr morgens,
  5 Stunden 29 Minuten oder 52 km/h Reisegeschwindigkeit;

Expreß-Zug, 1881
  Berlin ab 4.00 Uhr nachmittags / Hamburg an 9.01 Uhr abends,
  5 Stunden 1 Minute oder 57 km/h Reisegeschwindigkeit.

1878. **13**

Büchen-Lauenburger Zweigbahn.

Richtung von Lauenburg nach Büchen.

	13. Local-zug. St. M.	15. Local-zug. St. M.	23. Pers.- u. Güterz. St. M.	25. Pers.- u. Güterz. St. M.	27. Pers.- u. Güterz. St. M.
	Nachmitt.	Abends.	Morgens.	Mittags.	Nachmitt.
Abfahrt der Dampffähre von Hohnstorf . . .	3 . 13	7 . 58	7 . 5	11 . 56	5 . 20
Abfahrt von Lauenburg	3 . 30	8 . 17	8 . —	12 . 20	5 . 45
Ankunft in Büchen	3 . 48	8 . 32	8 . 30	12 . 50	6 . 15

Richtung von Büchen nach Lauenburg.

	16. Local-zug. St. M.	24. Pers.- u. Güterz. St. M.	26. Pers.- u. Güterz. St. M.	28. Pers.- u. Güterz. St. M.
	Abends.	Morgens.	Nachmitt.	Abends.
Abfahrt von Büchen	8 . 33	9 . 10	2 . —	7 . 20
Ankunft in Lauenburg	8 . 48	9 . 35	2 . 25	7 . 45
Abfahrt der Dampffähre nach Hohnstorf . .	8 . 56	9 . 45	2 . 40	—

Ebenfalls zur Berlin-Hamburger Gesellschaft gehörte die schon beschriebene Verbindung Büchen –Lauenburg. Für lange Zeit baute diese Gesellschaft aber keine weiteren Verbindungen im norddeutschen Raum. Erst durch den vermehrten Ausbau des hannoverschen Eisenbahnnetzes, insbesondere durch die Inbetriebnahme der durchgehenden Streckenverbindung Stendal–Uelzen–Bremen, wurde sie angeregt, in den Jahren 1873/74 die bereits erwähnte Zweigbahn Wittenberge–Dömitz–Hitzacker–Lüneburg–Buchholz zu bauen. In Buchholz erhielt diese Bahnstrecke den Anschluß an die im selben Jahr (1874) eröffnete Verbindung Hamburg–Bremen. Viel hat diese landschaftlich so reizvolle Eisenbahnlinie durch die unselige Zonengrenze verloren. Den Torso dieser wichtigen Ost-West-Verbindung finden wir heute unter den Fahrplannummern 152 und 161.

Im Raum Schleswig-Holstein dominierte die Altona-Kieler Eisenbahn-Gesellschaft. Die Beweggründe für die eigenartige Linienführung der »Christianbahn« wurden schon genannt. So mußte auf die

Vor dem Bahnhof Glückstadt im Jahr 1892

günstigere Trassierung über (Bad) Bramstedt verzichtet und dafür der Umweg über Elmshorn gewählt werden. Ein Jahr später (1845) war die Verbindung Elmshorn–Glückstadt (Hafen) geschaffen. Die Betriebsführung wurde auch hier der Altona-Kieler Bahn übertragen, ebenso wie auf dem 1845 eröffneten Teilstück Neumünster–Rendsburg, das die Rendsburg-Neumünster Eisenbahn-Gesellschaft erbaut hatte.

Obwohl Husum, Schleswig und Flensburg schon lange wichtige Städte im Herzogtum Schleswig waren, mußten sie – trotz vieler Proteste – zunächst auf eine Eisenbahnverbindung verzichten. Erst 1854 näherten sich die ersten Dampfrösser Flensburg und Husum, allerdings auf der sehr eigenwillig gewählten und von der »König Friedrich VII. südschleswigschen Eisenbahn-Gesellschaft« errichteten Eisenbahnlinie Flensburg–Husum–Tönning. Im gleichen Jahr eröffnete diese Gesellschaft auch die Verbindung Rendsburg–Husum über Ohrstedt, so daß es – wenn auch umständlich und zeitraubend – seit 1854 doch möglich war, von Flensburg nach Altona mit der Eisenbahn zu fahren. Lobend muß hierzu noch gesagt werden, daß die Trasse der zuletzt genannten Strecke Rendsburg–Husum bereits bei Ohrstedt in der von Norden kommenden Linie Flensburg–Husum–Tönning aufging. Dieser winzige, heute unter der Fahrplan-Streckennummer 125 kaum auffindbare Bahnhof hatte damals eine kurze Zeit Bedeutung als Umsteige- oder Zugwendebahnhof. Aber mit der bald folgenden Abänderung der Linienführung war der Traum vom zukünftigen Groß-Verkehrsknotenpunkt Ohrstedt rasch ausgeträumt. In unsinniger Weise führte die Linie Rendsburg–Husum weit an Schleswig vorbei (quasi als Strafe für das Verhalten im Krieg von 1848). Es blieb also nichts anderes übrig, als diese »große« Verkehrslinie bei Klosterkrug anzuzapfen und eine besondere Zweigbahn nach Schleswig zu bauen (Klosterkrug-Schleswiger Eisenbahn-Gesellschaft, 1858). 1856 konnte die Glückstadt-Elmshorner Gesellschaft die Verbindung Glückstadt–Itzehoe in Betrieb nehmen. Damit blieb es dann vorerst einige Jahre still in Holstein und im südlichen Schleswig, und es begann der Ausbau des nordschleswigschen Streckennetzes; eine friedliche Aufbauarbeit, die leider durch den Deutsch-Dänischen Krieg von 1864 verzögert und – durch die Grenzziehung – auch beeinflußt wurde. Vor Ausbruch des Krieges war noch die Linie von »Nordschleswigsche Weiche« (heute Flensburg Weiche) über Tingleff–Rothenkrug bis nach Woyens fertiggestellt worden. Bald nach dem Kriege lebte in diesem Gebiet die Bautätigkeit wieder auf, und in rascher Folge konnten mehrere Zweigbahnen eröffnet werden: 1866 der Abschnitt Woyens–Hadersleben und die Verbindung Woyens–Vamdrup, 1867 Tingleff–Tondern und 1868 Rothenkrug–Apenrade. Die Planung bzw. der Bau der Strecken im nördlichen Schleswig vor dem Krieg erfolgte durch die Nordschleswigsche Eisenbahn-Gesellschaft. Gleich nach Beendigung des Krieges schlossen sie und die Südschleswigsche Eisenbahn-Gesellschaft sich zur Schleswigschen Eisenbahn-Gesellschaft zusammen (20.3.1865).

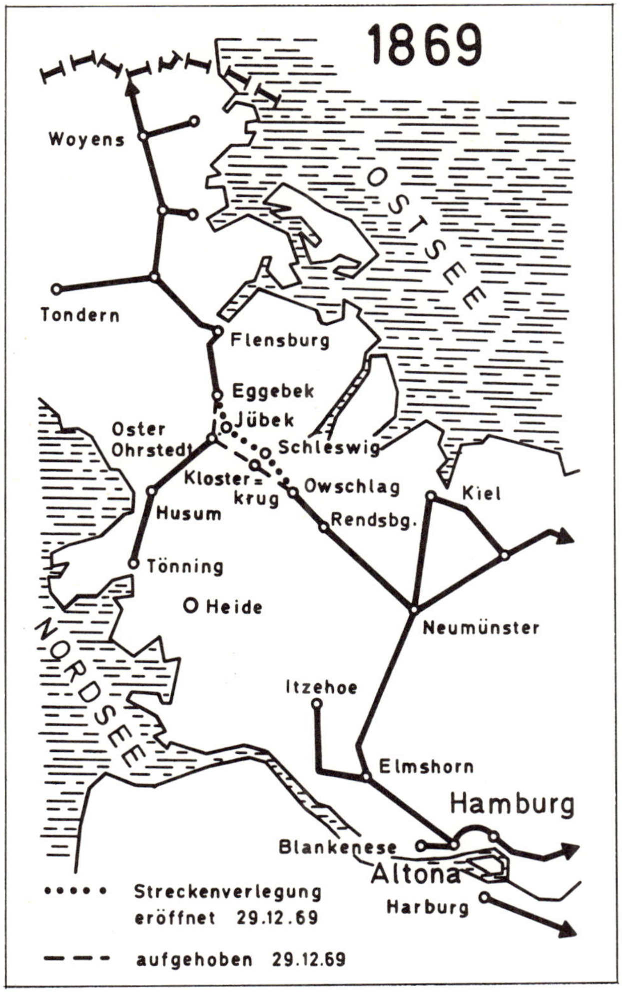

Streckennetz der Eisenbahn in Schleswig-Holstein 1869

Dieser Gesellschaft war die oben beschriebene endgültige Ausgestaltung des nordschleswigschen Raumes vorbehalten. Unmittelbar nach der Fusion begann die Gesellschaft mit den Vorarbeiten an einer leistungsstarken Durchgangsverbindung Flensburg–Schleswig–Rendsburg–Neumünster, eine Aufgabe, die von den Siegermächten Preußen und Österreich gestellt wurde. In erster Linie ging es um die Beseitigung des unerträglich gewordenen Knotens Ohrstedt und um die korrigierte Linienführung über Schleswig. Zu diesem Zweck mußte die neue Strecke bei Klosterkrug die bisherige Trasse verlassen, berührte nunmehr Schleswig und Jübeck und mündete schließlich bei Eggebek wieder in die bereits vorhandene Verbindung Husum–Flensburg ein (1869). Gleichzeitig gab man den bisherigen Abschnitt Ohrstedt–Eggebek auf und ließ die Husumer Strecke in Jübeck enden. Die durchgehende Verbindung Husum–Flensburg ging damals verloren, ist jedoch viele Jahre später (1926) durch den Bau der Nebenstrecke über Löwenstedt wieder hergestellt worden (ehemals Streckennummer 112n). In der Gegenwart erfuhr dieses Gebiet eine neue Veränderung der Verkehrsbeziehungen. Am 31. Mai 1959 wurde die Nebenbahn Husum–Flensburg über Löwenstedt im Zuge der Rationalisierungsbestrebungen endgültig stillgelegt. Andere Strecken sollten bald folgen. Welch ein wechselvolles Bild!

Das Jahr 1870 war für die Eisenbahnpolitik innerhalb Schleswig-Holsteins sehr bedeutsam. Am 1. Januar dieses Jahres gingen sämtliche Strecken der Schleswigschen Eisenbahn-Gesellschaft auf die Altona-Kieler Eisenbahn-Gesellschaft über. Damit war der Weg frei zu einer allmählichen Vereinheitlichung des Eisenbahnwesens in diesem Landstrich. Schon einige Jahre zuvor war durch die Altona-Kieler Gesellschaft diesbezüglich der erste Versuch unternommen worden, indem sie (1864) die Strecke Neumünster–Rendsburg aufkaufte, allerdings mit der Verpflichtung, die ostholsteinischen Bahnen zu bauen (von Neumünster und Kiel nach Eutin–Neustadt). Noch unter der Patenschaft des dänischen Königshauses begann hier die Bautätigkeit, wurde dann aber durch den Krieg unterbrochen. Bei Fortsetzung der Arbeiten verzichtete man auf die Einmündung der Verbindung von Kiel in Eutin und ließ dieses Teilstück schon in Ascheberg in der von Neumünster kommenden Linie aufgehen (Fertigstellung 1866). Die An-

Fahrplan
der Eutin-Lübecker Eisenbahn.

Gültig vom 10. April 1873 bis auf Weiteres.

Richtung von Eutin nach Lübeck.

Stationen.	1 Gemischter Zug. 1., 2. u. 3. Classe. Morgens. Uhr. Min.	3 Gemischter Zug. 1., 2. u. 3. Classe. Nachmittags. Uhr. Min.	5. Gemischter Zug. 1., 2. u. 3. Classe. Abends. Uhr. Min.
Ankunft in Eutin:			
von Kiel und Neumünster ...	—. —	12. 28	—. —
Neustadt	6. 2	—. —	5. 7
Eutin	6. 10	12. 40	7. 5
Ottendorf	6. 24	12. 55	**7. 22**
Gleschendorf	6. 32	1. 7	**7. 32**
Pansdorf	6. 45	1. 23	**7. 49**
Schwartau	6. 56	1. 40	**8. 5**
Lübeck	7. 5	1. 50	**8. 15**
Abfahrt von Lubeck:			
nach Hamburg	7. 15	3. 50	**8. 45**
Büchen, Hohnstorf, Berlin.	7. 10	2. —	—. —
Mecklenburg	12. 28	6.	—. —

Richtung von Lübeck nach Eutin.

Stationen.	2. Gemischter Zug. 1., 2. u. 3. Classe Vormittags. Uhr. Min	4. Gemischter Zug. 1., 2. u. 3. Classe. Nachmittags. Uhr Min.	6. Gemischter Zug. 1., 2. u. 3. Classe. Abends. Uhr. Min.
Ankunft in Lübeck:			
von Hamburg	9. 11	12. 20	5. 52
Berlin, Hohnstorf, Büchen.	—. —	3. 20	**8 35**
Mecklenburg	—. —	3. 40	—. —
Lubeck	9. 20	3. 50	**8. 40**
Schwartau	9. 31	4. 1	**8. 51**
Pansdorf	9. 46	4. 16	**9. 4**
Gleschendorf	10. 7	4. 37	**9. 18**
Ottendorf	10. 14	4. 44	**9. 24**
Eutin	10. 30	5. —	**9. 40**
Abfahrt von Eutin:			
nach Kiel und Neumunster. ..	—. —	5. 12	—. —
Neustadt	12. 33	—. —	**9. 48**

NB. Die fetten Ziffern der Fahrplane bedeuten die Nachtzeiten von 6 Uhr Abends bis 5Uhr 59M. Morg.

9

schlußstrecke Eutin–Lübeck wurde im April 1873 eröffnet, jedoch von einer eigens dafür gegründeten Privatgesellschaft, die bis 1941 ihren Privatbahncharakter behalten hat, der Eutin-Lübecker Eisenbahn-Gesellschaft. Der letzte Beitrag der Altonaer Gesellschaft zur Gestaltung des schleswig-holsteinischen Eisenbahnnetzes war 1883 der Bau der Strecke Blankenese–Wedel.

Ergänzend sei mitgeteilt, daß die Verbindungsstrekke Kiel–Eckernförde–Flensburg durch eine Privatgesellschaft im Jahre 1881 eröffnet wurde, während die Westholsteinische Eisenbahn-Gesellschaft 1877 die Linien Neumünster–Heide–Karolinenkoog und später Heide–Büsum baute. Durch eine Dampffähre waren die Eisenbahnendpunkte Tönning und Karolinenkoog miteinander verbunden worden.

Die Vollendung der Marschbahn – der heutigen Verbindung Hamburg–Westerland (Strecke 120) – verzögerte sich durch schwierige Bodenverhältnisse an der schleswig-holsteinischen Westküste und die geringe Bevölkerungsdichte besonders lange. Wie bereits berichtet, konnte das erste Teilstück bis Itzehoe schon 1856 durch die Glückstadt-Elmshorner Eisenbahn eröffnet werden. Die weitere Streckung nach dem Norden ließ jedoch lange auf sich warten. Erst

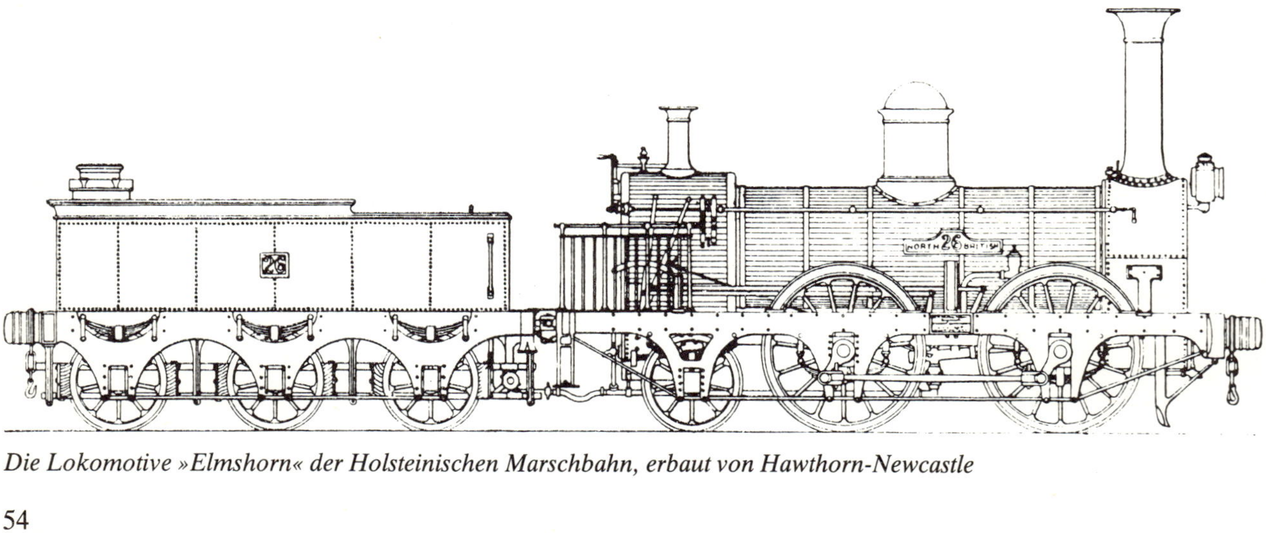

Die Lokomotive »Elmshorn« der Holsteinischen Marschbahn, erbaut von Hawthorn-Newcastle

als der preußische Staat eine finanzielle Beteiligung zusagte, entschloß sich die Glückstädter Gesellschaft, eine Verbindung nach Heide zu schaffen. Sie gab sich für diese Unternehmung den Namen Holsteinische Marschbahn, ab 1888 Schleswig-Holsteinische Marschbahn genannt. Im November 1878 war Heide erreicht, aber fast zehn weitere Jahre waren nötig, um auch das letzte Drittel dieser Bahnstrecke zu vollenden. Zunächst wurde 1886 der Abschnitt Heide–Lunden eröffnet, ein Jahr später erfolgte die Weiterfahrt über Husum, Niebüll, Tondern bis nach Ribe/Hvidding, mit einer Zweigbahn von Bredebro nach Lügumkloster. Endlich erhielt vor allem Husum damit die schon lange gewünschte Direktverbindung zu den südlichen Landesteilen. An einen Eisenbahndamm nach Sylt dachte zu jener Zeit freilich noch niemand. Wer die Insel besuchen wollte, hatte von Hoyerschleuse (nach dort gab es seit 1892 von Tondern aus eine Kleinbahn) einen Dampfer zu benutzen, der ihn zum Sylter Hafen Munkmarsch brachte. Von Munkmarsch nach Westerland verkehrte eine Dampfstraßenbahn. Es war also schon ein kleines Abenteuer, die Insel Sylt zu besuchen. Die Kleinbahnen der Insel kamen erst später auf. So stammte die Verbindung Westerland–List aus dem Jahr 1908, nach Hörnum fuhr die Bahn erst seit 1915.

Von der Lübeck-Büchener Eisenbahn-Gesellschaft ist bereits gesprochen worden. 1882 vermehrte die Bahn ihren Streckenbestand durch den Neubau der Verbindung Lübeck–Travemünde und 1913 durch die Verlängerung bis Niendorf (Ostsee). Dieser finanziell äußerst gesunden Gesellschaft gelang es viele Jahre hindurch, ihren Privatbahncharakter zu behalten. Der von ihr in den dreißiger Jahren eingerichtete Schnellverkehr Hamburg–Travemünde ist weit über die Grenzen bekannt geworden. Die dabei ein-

Die Lokomotive »Sechs Hundert« aus dem Jahr 1872 der Großherzoglichen Friedrich-Franz Eisenbahn-Gesellschaft

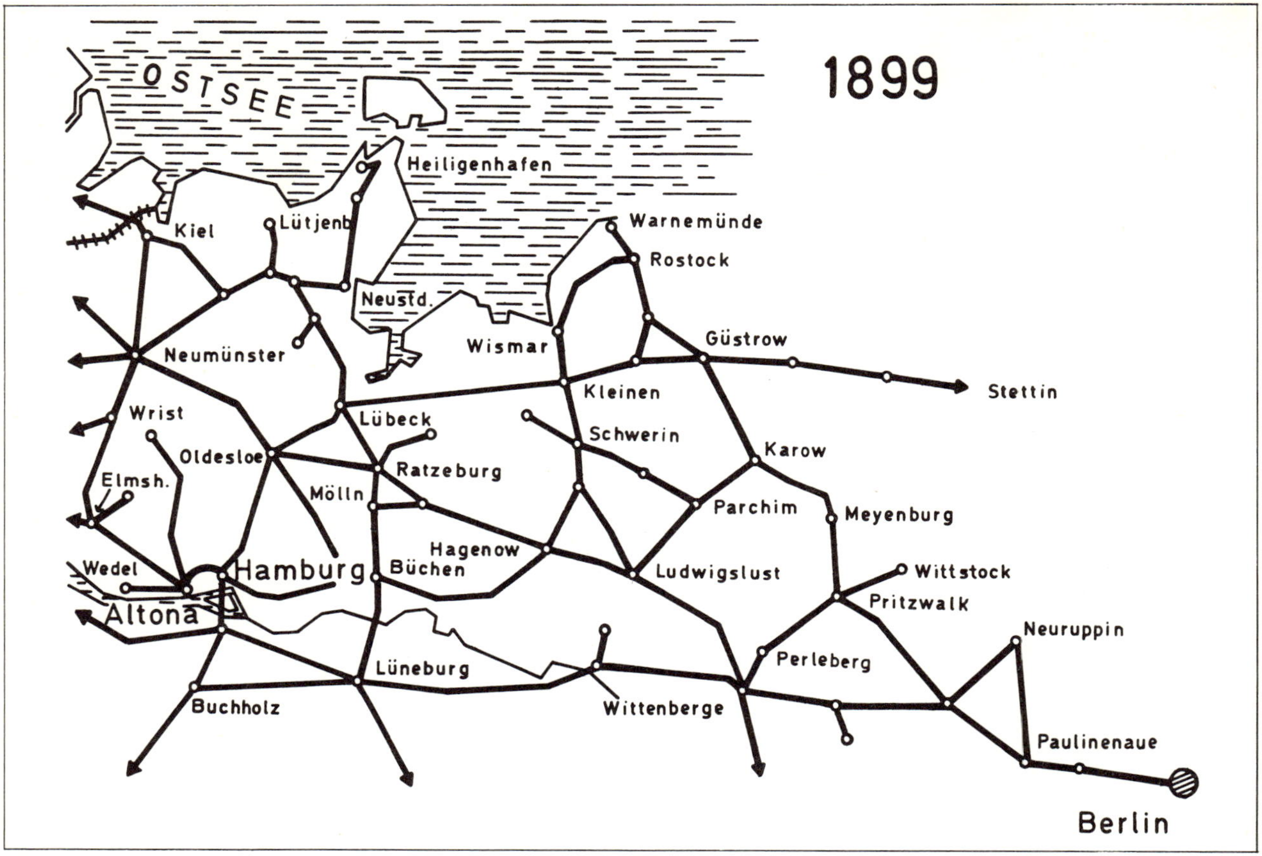

Streckennetz der Eisenbahn in Mecklenburg 1899

gesetzten Doppelstockwagen im Wendezugbetrieb zählen zu den Pioniertaten des Eisenbahnverkehrs schlechthin. 1937 verlor die Gesellschaft ebenso wie 1941 die Eutin-Lübecker Eisenbahn-Gesellschaft ihre Eigenständigkeit und ging in den Bestand der Deutschen Reichsbahn über.

Die Entstehungsgeschichte des Streckennetzes innerhalb des späteren Eisenbahndirektionsbezirkes Altona (Hamburg) wäre unvollkommen, würden die Eisenbahnlinien Mecklenburgs fehlen. Geht man von der Hauptschlagader Hamburg–Berlin aus, so richteten sich die Eisenbahnen in Mecklenburg netzartig auf diese Verbindung aus. Von Hagenow erschloß die Mecklenburgische Eisenbahn-Gesellschaft den nördlichen Raum durch die in den Jahren 1847–50 gebauten Linien Hagenow–Schwerin–(Bad) Kleinen –Wismar und (Bad) Kleinen–Bützow–Rostock sowie Bützow–Güstrow. Die 1864 gegründete Großherzogliche Friedrich-Franz Eisenbahn-Gesellschaft baute eine ganze Anzahl von kleineren Stichbahnen, wie (Bad) Kleinen–Lübeck, Ludwigslust–Holthusen, Schwerin–Krivitz, Ludwigslust–Dömitz oder Güstrow–Malchin–Neu Brandenburg. Interessant ist ferner die durch den Deutsch-Nordischen Lloyd im Jahre 1886 gegründete Verbindung Neustrehlitz–Rostock–Warnemünde, mit Schiffsanschluß nach Gedser (siehe auch Seite 102).

Nach diesem Ausflug in die Anfangsgeschichte der Eisenbahnen in Norddeutschland, die durch die vielfältigsten Motivationen von Unternehmern und dem direkten oder indirekten Beistand des Staates und nicht zuletzt mit größter Anteilnahme der Bevölkerung entstanden sind, sollten auch die wirtschaftlichen Ergebnisse nicht fehlen. Wurden die Erwartungen erfüllt, konnten Versprechungen eingehalten werden?

Wie vorauszusehen war, schnitt die Berlin-Hamburger Eisenbahn-Gesellschaft mit Abstand am besten ab. Den Ausschlag gab die attraktive Verbindung zwischen den beiden größten Städten Deutschlands. In den 35 Jahren ihres Bestehens zahlte die Gesellschaft rund 45 Millionen Mark an Dividenden, was bedeutet, daß im Schnitt 8,9% ausgeschüttet wurden, wobei die Marke sogar bis 19,5% kletterte. Die geringe Bevölkerungsdichte, das Fehlen großer Städte und die in Geest und Marsch schwierigeren Bauten ließen so hohe Gewinne bei den Bahnen in Schleswig-Holstein nicht zu. So lag die Dividende der Altona-Kieler Bahn allgemein etwas über 5%; 10% wurden nur in vier Jahren gezahlt. Während die Aktionäre der Schleswigschen Eisenbahnen die garantierten 5% verdienten, lag die Dividende der Lübeck-Büchener Bahn zwischen 5 und 9%. Bei den übrigen Bahnen konnten generell nur Gewinne bis zu 5% erzielt werden. Auf der Unterelbeschen Bahn war im Hinblick auf den starken Wettbewerb im Güterverkehr auf dem Wasserwege das Ergebnis durchaus hinter den Erwartungen zurückgeblieben. Das gleiche gilt auch für die Marschbahn. Je nach Bauabschnitt wurden 4 bis 1% verdient. Die für das Teilstück Heide–dänische Grenze ausgegebenen Aktien gingen ganz leer aus.

Die Lokomotive »Helsingfors« der Lübeck-Büchener Eisenbahn-Gesellschaft

Unter staatlicher Regie

Neue Interessenten im norddeutschen Raum

Der erste Einbruch Preußens in das Geflecht von Privatbahnen innerhalb des Raumes der heutigen Bundesbahndirektion Hamburg erfolgte – abgesehen von der schon geschilderten Übernahme der Hannoverschen Staatsbahn – 1880 mit der Liquidierung der Cöln-Mindener Eisenbahn-Gesellschaft. Es war kein außergewöhnliches Ereignis in jenen Jahren, vielmehr eine Maßnahme, die zu erwarten war. In fast allen deutschen Landesteilen fand dieser Verstaatlichungsprozeß statt, so im Königreich Sachsen und in Bayern (mit Ausnahme der Pfalzbahn), in Baden, Württemberg und Oldenburg. Die aus mehreren Gesellschaftsbahnen bestehenden Hauptlinien Mecklenburgs wurden vom Landesherrn persönlich erworben und von ihm 1873 an die Privatgesellschaft Großherzogliche Friedrich-Franz Eisenbahn-Gesellschaft veräußert. Erst 1889 übernahm der Mecklenburgische Staat zusammen mit den meisten übrigen Privatbahnen des Landes auch diese Gesellschaft.

Im Rahmen dieser allgemeinen Entwicklung war es nicht überaus absonderlich, daß 1883 der preußische Staat den beiden großen Eisenbahngesellschaften Norddeutschlands, sowohl der Altona-Kieler als auch der Berlin-Hamburger Gesellschaft, mitteilte, daß er die Bahnen zu übernehmen wünsche. Weil die Bahnstrecken der Altona-Kieler Gesellschaft nur auf schleswig-holsteinischem Gebiet, also in Preußen, lagen, waren hier die Verhandlungen einfacher, man kam schneller voran. Am 31. Oktober/1. November 1883 konnte der Verstaatlichungsvertrag unterzeichnet werden. Preußen gewährte den Aktionären neben einer baren Zuzahlung von 13,50 Mark je Aktie eine feste Rente von 9⅕% jährlich, der Dividende der letzten Jahre entsprechend. Das Aktienkapital betrug rund 18,5 Mio. Mark, die Anleihen etwa 28,5 Mio. Mark. Preußen übernahm zunächst nur die Verwaltung und die Betriebsführung, an den Eigentumsverhältnissen wurde nichts geändert. In dem am 24. Januar 1884 vom preußischen Landtag verabschiedeten Gesetz wurden diese Vereinbarungen festgelegt und der Verstaatlichungsvertrag untermauert. Vertragsgemäß wurden die Geschäfte der Direktion der Altona-Kieler Eisenbahn-Gesellschaft am 1. März 1884 der neuen Verwaltung übergeben. Die Königliche Eisenbahndirektion in Altona begann nunmehr ihre Tätigkeit.

Die Räumlichkeiten der Direktion befanden sich anfänglich in dem Empfangsgebäude des alten Bahnhofs in Altona, der später zum sogenannten »Neuen Rathaus« umgebaut wurde.

Nach Beilegung der Verhandlungsschwierigkeiten zwischen Preußen und der Berlin-Hamburger Eisenbahn-Gesellschaft (Beteiligung Mecklenburgs und Hamburgs an den Gesprächen) kam es endlich auch hier zu einer Einigung, die durch die »Berliner Verträge« vom 19. Dezember 1883 beurkundet wurde. Neben der Regelung der Rechtsverhältnisse auf den Bahnen innerhalb des hamburgischen Staatsgebietes

Carl Krahn 1885–1894

F. Jungnickel 1894–1907

Alfred Goepel 1907–1909

Gustav Franke 1909–1913

Josef Pape 1913–1918

Dr. Ernst Schneider 1918–1932

David Lochte 1932–1935

Dr. Erich Goudeffroy 1935–1945

Friedrich Stratthaus 1945

Kurt Nitschmann 1945–1949

Dr. Fritz Schelp 1950–1952

Dr.-Ing. E.h. W. Helberg 1952–1964

Artur Petzoldt 1964–1972

Kuno Mohr 1972–1976

Dipl.Ing. Herbert Heise seit 1976

Die Präsidenten der Eisenbahndirektion Altona/Hamburg

Die im Jahre 1895 erbaute Eisenbahndirektion Altona

– namentlich auf den Hafenbahnen – nahmen die finanziellen Abwicklungen den Hauptteil der Verträge ein. Diesmal mußte der Staat besonders tief in das bewußte Säckchen greifen. Im Gegensatz zu der Altona-Kieler Bahn erhielten hier die Aktionäre eine feste Rente von 16½% und eine einmalige Zulage von 60 Mark für die Aktie. Ferner wurde vereinbart, daß der Kaufpreis bei Auflösung des Unternehmens rund 50 Mio. Mark (ausschließlich der Anleihen und Schulden) betragen sollte. Wie damals üblich, übernahm der preußische Staat am 1. Juli 1884 zunächst nur die Betriebsführung und die Verwaltung der Bahn. An den Eigentumsverhältnissen wurde auch hier vorerst nichts geändert. Es ist bemerkenswert, daß zu dem genannten Zeitpunkt die staatliche Verwaltung der Königlichen Eisenbahndirektion in Berlin übertragen wurde. Erst ein Jahr später, am 1. April 1885, änderte sich abermals die administrative Form, indem die Königliche Eisenbahndirektion in Altona auch das Streckennetz der Berlin-Hamburger Bahn übernahm. Erst jetzt erhielt die staatliche Verwaltung in Altona die Organisation einer Königlichen Eisenbahndirektion in der damals üblichen Art, bestehend aus drei Abteilungen, wobei die Leitung der Abteilung I dem Präsidenten überlassen wurde.

Die vorhandenen Räume in dem Empfangsgebäude des alten Altonaer Bahnhofes waren für das erweiterte Aufgabengebiet zu klein geworden. Die Direktion mußte daher ein inzwischen hergerichtetes Gebäude in der Königstraße mieten. Das Verwaltungsgebäude der Direktion in der heutigen Form und Lage konnte erst am 16. Oktober 1895 bezogen werden.

Wappen der Königlich-Preußischen Eisenbahn-Verwaltung

Bemerkenswerte Ereignisse nach der Verstaatlichung

Die Konsolidierung des Netzes

Außer dem Streckennetz der Berlin-Hamburger Bahn erhielt die Direktion in Altona zum gleichen Zeitpunkt die Verbindungen Lüneburg–Lauenburg und Hohnstorf–Echem zugeteilt. Die Bahnhöfe Lüneburg und Buchholz behielt die Eisenbahndirektion in Hannover. Einige Wochen später schieden der Venloer Bahnhof (Hannoverscher Bahnhof) in Hamburg und die Verbindung nach Harburg bis zur Süderelbbrücke (ausschließlich) aus dem Bereich der Direktion Hannover und wurden Altona zugeteilt. Harburg selbst blieb im Bezirk Hannover, bis es 1899 zusammen mit der neun Jahre zuvor verstaatlichten »Unterelbebahn« Harburg–Cuxhaven endgültig der Direktion in Altona zugeteilt wurde. Die – wie erwähnt – von der Berlin-Hamburger Gesellschaft erbaute Strecke Lüneburg–Buchholz ging dagegen 1895 in den Bereich der Direktion Hannover über. (Die Ausdehnung der Eisenbahndirektion Hamburg nach Süden, so wie sie noch heute geformt ist, erfolgte erst 1931.)
Inzwischen vollzog sich innerhalb Schleswig-Holsteins der Strukturwandel im Eisenbahnwesen unaufhaltsam weiter. Die fast 100 km lange »Westholsteinische Eisenbahn« (Verbindung Neumünster–Heide –Büsum/Karolinenkoog) ging im Januar 1890 in staatlichen Besitz über, einige Monate später folgte die »Marschbahn«, die 237 km lange Verbindung Elmshorn–Heide–Husum zur dänischen Grenze. Wesentlich später ging zu einem Preise von etwa 6,2 Mio. Mark 1903 die Linie Kiel–Eckernförde–Flensburg in das Staatsbahngefüge ein.
Somit wäre das strukturelle Bild, das frühe – und leider heute völlig veränderte – Bild der Eisenbahndirektion in Altona dargestellt. Ganz Schleswig-Holstein bis hoch nach Jütland, Gebietsteile von Niedersachsen und Mecklenburg, das »Tor zur Welt« als Mittelpunkt und die Verbindungsstrecke Hamburg–Berlin bis an die Tore der Reichshauptstadt gehörten dazu. In dieser markanten Form war die Eisenbahndirektion schon immer eine Besonderheit.

Die Umgestaltungen in Altona

Nach den vorgenannten Konsolidierungsaufgaben stand die Eisenbahndirektion sehr bald vor einer der schwierigsten Aufgaben, die je zu lösen war: die völlig unzulänglichen Eisenbahnanlagen in Hamburg und Altona für Gegenwart und Zukunft verkehrsgerecht umzugestalten. Weder in Altona noch in Harburg haben sich die Hoffnungen erfüllt, die man sich aus der Linienführung der neuen Verkehrswege und ihrer Ableitung von Hamburg gemacht hatte. Schließlich kamen auch die »fremden« Eisenbahnen doch in erster Linie Hamburg zugute, denn ihre Zentrierung in Hamburg als dem natürlichen Mittelpunkt des Niederelbegebietes ergab sich zwangsläufig. (Hamburg-Altonaer Verbindungsbahn 16. Juli 1866 und Strecke Hamburg–Harburg der Cöln-Mindener Eisenbahn 1. Dezember 1872 eröffnet.)
Ein organisches Ganzes war damit aber nicht entstanden, vielmehr trugen die Eisenbahnverhältnisse Hamburgs noch lange deutlich den Stempel ihrer Entstehungsgeschichte, und ohne die Ende der 70er Jahre einsetzende Verstaatlichung der Privatbahnen durch Preußen wäre das Eisenbahnnetz »Groß-Hamburgs« gewiß nicht so schnell zu einem verbindenden Knoten zusammengewachsen. Auf einen Nenner gebracht, die Königliche Eisenbahndirektion hatte nun die Aufgabe, die unorganisch entstandenen Eisenbahnlinien Hamburgs zu einem einheitlichen Ganzen umzubauen und ihre Anpassung an die Bedürfnisse des gestiegenen Verkehrs zu gewährleisten, eine Arbeit, die durch die damals unmittelbar bevorstehende Einverleibung Hamburgs und Altonas in die deutschen Zollgrenzen (15. Oktober 1888) und die Schaffung des Freihafens Hamburg wesentlich erschwert wurde.
Die Aufgabe zerfiel leider organisatorisch in zwei Teile, die Umbauten in Hamburg und die in Altona. Während es einerseits die preußische Staatsbahn mit

der Stadt Altona und dem Staat Preußen allein zu tun hatte, stand Preußen mit der »Freien und Hansestadt Hamburg« nicht nur einem selbständigen Bundesstaat mit eigenen Hoheitsrechten gegenüber, sondern dieser Staat war auch der Eigentümer eines Teils der Bahnen, der Haupteigentümer der in Frage kommenden Grundstücke und der Verleiher des Enteignungsrechts, und schließlich war auch die Lübeck-Büchener Eisenbahn vorhanden, deren Hauptlinie Hamburg–Lübeck bei der Zusammenfassung der Eisenbahnen in Hamburg unmöglich außer acht gelassen werden konnte. Eine Übernahme der letztgenannten Eisenbahngesellschaft durch Preußen kam damals wohl ebenso wenig in Betracht wie ein Eigentumswechsel der von der Staatsbahn betriebenen Hafenbahnen. Ganz abgesehen von der finanziellen Seite der Frage war es in Hamburg somit ohnehin viel schwieriger, zu einem endgültigen Entschluß zu kommen, zumal auch das Problem technisch weit umfangreicher und verwickelter war. So kam es, daß die Pläne für Altona früher fertig wurden und daß der Umbau der Anlagen in Altona schon vollendet war, als man in Hamburg noch mitten in der Planung stand. Über einen Punkt mußte man sich aber sofort klarwerden, nämlich daß die Verbindungsbahn Altona–Hamburg im wesentlichen

Der Bahnhof Altona wenige Wochen vor der endgültigen Eröffnung im Januar 1898

Der im Jahr 1893 eröffnete »Holstenbahnhof«

in ihrer Lage belassen werden und dabei viergleisig ausgebaut werden sollte. Im übrigen entwickelten sich die Verhältnisse in Altona so:
Zunächst mußte die Frage geklärt und Einverständnis darüber erzielt werden, ob man den Kopfbahnhof Altona zu einem Durchgangsbahnhof umbauen sollte; der Bau wäre etwa an der Verbindungsstrecke zwischen den Linien Kiel–Altona und Altona–Hamburg möglich gewesen. Pläne dafür sind auch aufgestellt worden, da ein solcher Bahnhof betriebstechnisch und geldlich viele Vorteile geboten hätte und auch vom Standpunkt der Bauausführung und der Erweiterungsmöglichkeit vorzuziehen gewesen wäre. Besondere Vorzüge hätte ein solcher Bahnhof vor allem dem durchgehenden Stadtbahnverkehr Blankenese–Hamburg gebracht, der bis 1979 durch das lästige und zeitraubende Kopfmachen in Altona sehr beeinträchtigt wurde. Aber der Widerstand der Stadt Altona gegen eine solche Verlegung des Bahnhofs war so stark, daß man diese Pläne nicht weiter verfolgen konnte.
Dieser Frage gegenüber traten die übrigen etwas zurück, immerhin soll auch hier wenigstens kurz dargestellt werden, wie die Entwicklung vonstatten ging. Das Gelände des Bahnhofs Altona lag an der Grenze zwischen Altona und Ottensen, die gleichzeitig die Zollgrenze darstellte. Mit der Einverleibung Altonas in das Zollgebiet (1888) konnte die an sich schon unerwünschte Abschnürung Ottensens von Altona nicht mehr bestehen bleiben. So ergab sich ohne weiteres der Wunsch, den Bahnhof nach Norden zurückzuschieben, um dadurch eine städtebaulich nötig gewordene Verbindung von Altona und Ottensen zu ermöglichen, ein Wunsch, der den Be-

dürfnissen der Bauausführung glücklich entgegenkam.
So entstand der erste allgemeine Umbauentwurf des Jahres 1887, der sich auf Hamburg und Altona bezog und der die viergleisige Verbindungsbahn unter Beseitigung der Straßenkreuzungen und die Schaffung eines Vorortverkehrs auf dem nördlichen Gleispaar vorsah. Aus dieser ersten Ideenskizze wurde dann der Entwurf von 1888, der auch Hamburg umfaßte und der in Altona ein hochgelegenes Empfangsgebäude vorsah, unter das die Bismarckstraße (Ottenser Hauptstraße) unterführt werden sollte. Der Plan sah acht Bahnsteiggleise und drei Hallen vor. Auch die Einführung der Lübecker Züge von Hamburg aus war miteingeplant. Ferner war auch schon die Verschiebung des bis zum 30. April 1891 noch dem Wagenladungsverkehr dienenden Bahnhofs Schulterblatt an die Holstenstraße als Personenhaltestelle und der zweigleisige Ausbau der Strecken Altona–Bahrenfeld und (Klein) Flottbek–Blankenese vorgesehen. Der Entwurf, der auch die Einrichtung einer Stadtbahnhaltestelle am Kreuzweg enthielt, die später aber nicht in Betrieb genommen wurde, sah ferner den Bau eines neuen Rangierbahnhofs Langenfelde vor, da durch das weitere Zurückweichen der Personenverkehrsanlagen der Platz für die Güteranlagen in Altona am Ottensener Güterbahnhof nicht mehr ausreichte.
Dieser Vorschlag wurde jedoch bald umgestoßen, weil von anderer Seite ein größerer Bahnhofsvorplatz gefordert wurde. Man plante nun, die Gleise tief zu legen, so daß die Bismarckstraße (Ottenser Hauptstraße) über die Bahnanlagen geführt werden konnte, aber bald kam man zu der dritten Möglichkeit, die Gleise in Straßenhöhe liegen zu lassen. Der gute Erfolg, den man mit den soeben (18. August 1888) fertiggestellten Anlagen des Hauptpersonenbahnhofs Frankfurt gemacht hatte, gab die Anregung zu diesem Plan, der dann auch tatsächlich ausgeführt wurde. Dafür schob man das Empfangsgebäude noch weiter nach Norden vor, so daß der Querbahnsteig die Verlängerung der Bismarckstraße darstellte. Dieser Entwurf wurde, nachdem 1891 die entsprechenden Verträge mit der Stadt Altona geschlossen waren, 1893 endgültig genehmigt. Am 14. Oktober konnte mit dem Bau begonnen werden.
Der Umbau der Verbindungsbahn war inzwischen auf preußischem Gebiet so weit gediehen, daß der Haltepunkt Holstenstraße unter Aufhebung des Bahnhofs Schulterblatt am 1. Mai 1893 in Betrieb genommen werden konnte. (Nach 1945 dient er nur noch als Haltestelle für den innerstädtischen Verkehr, Fernzüge halten seitdem dort nicht mehr.) Der Bau des Bahnhofs Kreuzweg unterblieb, an seine Stelle wurde für später ein Haltepunkt zwischen Bahrenfeld und Othmarschen (seit 1. Oktober 1902 »Groß Flottbek-Othmarschen«) in Aussicht gestellt, zu dessen Verwirklichung es aber auch nicht gekommen ist. Eine zweigleisige Güterverbindungsstrecke Bahrenfeld–Langenfelde, die am Kreuzweg Anschluß an die Verbindungsbahn erhielt, konnte am 15. September 1894 eröffnet werden.
Am 16. November 1895 wurde der westliche Teil des Empfangsgebäudes Altona und am 30. Januar 1898 der östliche Teil dem Betrieb übergeben. Der Personenbahnhof umfaßte 4 Personen- und 5 Gepäckbahnsteige unter 4 Bahnsteighallen. Die fünfte westliche Halle wurde erst 1907 bei Einrichtung des elektrischen Zugbetriebs auf der Stadt- und Vorortbahn errichtet. Die große Bedeutung, die dem damit vollendeten Werk zukam, erkennt man daraus, daß das Modell des neuen Bahnhofs im Verkehrs- und Baumuseum in Berlin (dem ehemaligen Hamburger Bahnhof) aufgestellt wurde (siehe Seite 29).
Aber trotz seiner Einzigartigkeit mußte schon wenige Jahre nach der Eröffnung festgestellt werden, daß der Bahnhof zu klein geraten war. So berichten Zeitgenossen, oftmals habe ein solcher Andrang zu den Bahnsteigen geherrscht, daß die Schaffnerwannen samt Sperrenschaffner von den Menschenmassen viele Meter weit durch die Halle geschoben wurden. Auch das Stellwerk war den Anforderungen nicht

gewachsen und mußte 1913 durch ein 40 m langes Reiterstellwerk ersetzt werden. Schon 1895 passierten 275 Züge täglich den Bahnhof; heute (1981) sind es 750 im Fernbereich und 700 S-Bahnfahrten.
An dieser Stelle ist auch auf die Bedeutung der Eisenbahn im Hafenbetrieb von Altona hinzuweisen, denn die Hafenbahn ist durch den sogenannten Hafenbahntunnel mit dem Bahnhof Altona verbunden, so daß auch der nicht unerhebliche Güterverkehr durch diesen Bahnhof zu regeln ist. 1924 kamen im Tagesdurchschnitt bis zu 60 Wagen vorwiegend mit Fischen beladen zum Versand (siehe Seite 121).

Der Bau des Hamburger Hauptbahnhofes
Während in Altona die Umbauarbeiten verhältnismäßig schnell zu einem befriedigenden Abschluß gekommen waren, gingen die Verhandlungen in Hamburg immer noch hin und her. Zunächst wirkte sich die Verstaatlichung nur darin aus, daß einzelne Berliner und Harburger Züge über die Verbindungsbahn bis nach Altona fuhren. Der Klostertorbahnhof erhielt noch 1885 auf der Stadtseite einen Bahnsteig für die Cöln-Mindener Züge. Die von Berlin nach Altona durchgehenden Züge benutzten nun den Berliner Bahnhof nicht mehr, während die Züge Altona

Ostseite des Klostertorbahnhofes im Jahre 1903

–Berlin in den Berliner Bahnhof zurückgedrückt wurden und dann von dort nach Berlin abfuhren. Somit bildete sich der Klostertorbahnhof allmählich zu einem Zentralpersonenbahnhof für den Schnellzugverkehr aus. Im übrigen ging die Entwicklung der Baupläne auch in Hamburg in etwa drei Etappen vor sich.

Die ersten Pläne (1888) begnügten sich im wesentlichen damit, die Endpersonenbahnhöfe der Berliner, der Cöln-Mindener und der Verbindungsbahn zu beseitigen und sie durch einen gemeinsamen, zwischen dem Oberhafen und der Ernst-Merck-Straße gedachten Zentralbahnhof zu ersetzen. Das Empfangsgebäude sollte sich harmonisch der bereits eingeplanten Verbindungsstraße zum Rathaus (heutige Mönckebergstraße) anpassen. Alles andere sollte beim alten bleiben. Eine Angliederung der Lübeck-Büchener Bahn war nur als spätere Möglichkeit vorgesehen. Nach diesen Plänen wären die meisten Straßenübergänge bestehen geblieben. Das jedoch war unmöglich, zumal der Straßenverkehr gerade an den hier in Frage kommenden Stellen durch die Verlegung der Zollgrenzen noch erheblich zugenommen hatte. So entstand bereits 1890 der sogenannte Hammerbrook-Entwurf, der die Berliner Strecke durch das südliche Hammerbrook umlenkte, um sich dort mit der Harburger Strecke zu treffen und gemeinsam mit der hoch über Oberhafen und Klostertorplatz in den neuen Zentralbahnhof einzumünden. Im übrigen gab es weiter keine größeren Veränderungen. Auch dieser Entwurf sah die Einführung der Lübeck-Büchener Bahn nicht vor, ließ jedoch die Möglichkeit hierzu offen. Die ständige Zunahme des Verkehrs zwang jedoch die Beteiligten, noch weiter auszuholen und die Pläne auf eine grundlegende Verbesserung der Güteranlagen auszudehnen sowie vor allem nunmehr auch die Einführung der Lübeck-Büchener Bahn in die preußische Bahn vorzunehmen.

Über diesen sogenannten verbesserten Hammerbrook-Entwurf kam es nach einiger Zeit zu einer Verständigung zwischen Hamburg und den beiden Bahngesellschaften, der auch die Hamburger Bürgerschaft zustimmte. Indessen gelang es erst Ende 1898, endgültig zu einem Vertrag zwischen Hamburg, Preußen und Lübeck-Büchen zu kommen, der die Umbaupläne festlegte und der noch für Jahrzehnte die Grundlage für die Rechtsverhältnisse zwischen den drei Parteien bleiben sollte. Dieser Vertrag, der

Der von Kaiser Wilhelm II. genehmigte Entwurf für den Hamburger Hauptbahnhof

naturgemäß im Laufe der Jahre mehrfach ergänzt und weiter ausgebaut worden ist und der eine vollkommene Neugestaltung der Hamburger Eisenbahnanlagen mit sich brachte, ging davon aus, daß die Verbindungsbahn nach wie vor im hamburgischen Eigentum bleiben und daß auch ihre nunmehr vorgesehene, lediglich im Interesse des innerstädtischen Verkehrs liegende Verlängerung vom Hauptbahnhof zum Hasselbrook von der Hansestadt hergestellt, aber wie die Verbindungsbahn von Preußen betrieben werden sollte. Hier sei angemerkt, daß dieses Pachtverhältnis über die Verbindungsbahn durch einen Vertrag vom 17./25. Februar 1899 unkündbar gemacht wurde. Im übrigen sollte nun auch der Personenbahnhof der Lübeck-Büchener Bahn verschwinden und Preußen einen sämtliche Linien umfassenden Hauptbahnhof in den Anlagen am Glokkengießerwall erbauen. In ihn mündete zunächst die viergleisig auszubauende Verbindungsbahn, deren nördliches Gleispaar einen neu zu schaffenden Stadt- und Vorortsverkehr aufnehmen sollte. Auch die beiden auf Hamburger Gebiet liegenden Bahnhöfe der Verbindungsbahn wurden vollkommen neu errichtet, wobei der Eil- und Stückgutverkehr an der Sternschanze am 15. August 1903 aufgehoben wurde. Der Kohlenverkehr und der Viehmarkt sind jedoch neben dem gewöhnlichen Ladungsverkehr an der Sternschanze verblieben.

Im einzelnen sei aus dem Verlauf der Umbauarbeiten folgendes hervorgehoben:

Das alte Empfangsgebäude des Dammtorbahnhofes sollte ursprünglich zu einem Gebäude für Eisenbahn-Inspektionen (heute Bundesbahn-Ämter oder Generalvertretungen genannt) und für Dienstwohnungen umgebaut werden. Dieser Plan ist jedoch aufgegeben worden, weil für dieses Gelände inmitten der Stadt sehr lukrative Angebote eingingen. Die Inspektionen erhielten ein neues Gebäude in der Münzstraße, das noch heute genutzt wird. Der Hauptbahnhof selbst wurde zu einem Gemeinschaftsbahnhof mit der Lübeck-Büchener Eisenbahn-Gesellschaft ausgestaltet.

Ein Zug wird zwischen Klostertorbahnhof und Hannoverschem Bahnhof durch die Straßen geführt (1906)

Für den Verkehr dieser Bahn war ein eigener Bahnsteig vorgesehen. Den Betrieb innerhalb des Hauptbahnhofes übernahm die preußische Staatsbahn, allerdings erhielt die Lübeck-Büchener Bahn eigene Anlagen für den Betriebsmaschinendienst auf dem Abstellbahnhof Hbr, der noch heute die Lage des früheren Berliner Bahnhofes markiert.

Vom Hauptbahnhof aus wurden die Harburger Gleise (je zwei für den Personen- und Güterverkehr) über den Deichtormarkt und die viergleisige doppelgeschossige Drehbrücke (oben Eisenbahn, unten Straße) über den Oberhafen geführt, wobei anschließend nur das Personenzug-Gleispaar auf einem langen Viadukt über das Gelände des alten Hannoverschen Bahnhofes mit den (ehemaligen) Haltestellen Oberhafen und Elbbrücke verläuft. Jenseits der Norderelbbrücke, nahe der vormaligen hamburg-preußischen Grenze, erhielt die Verbindung den neuen Haltepunkt (betrieblich: Abzweigstelle) Veddel. Das alte Empfangsgebäude der Venloer Bahn auf der Grasbrookinsel blieb erhalten. Es wurde für

Ein Zug wird zwischen Klostertorbahnhof und Hannoverschem Bahnhof durch die Straßen geführt (1906)

den Eilgutverkehr eingerichtet und diente außerdem noch längere Zeit der Abfertigung von Aus- und Rückwandererzügen für den Überseeverkehr, wenn der Hauptbahnhof dazu nicht in der Lage war. Auch für andere Anlässe – über die später noch zu sprechen sein wird – galt diese Bahnanlage noch als willkommene Kapazitätsreserve. Erst im Zweiten Weltkrieg ist der Hannöversche Bahnhof, wie er im Volksmund hieß, zerstört worden. Das Portal mußte 1955 wegen Baufälligkeit gesprengt werden.

Die Berliner Personenzuggleise wurden gänzlich verlegt und über Berliner Tor und Rothenburgsort nach Tiefstack geleitet, wo sie den Anschluß an die alten Anlagen der Berliner Bahn wieder erreichten. An der Billstraße wurde die Überführung so angelegt, daß die später ausgebaute Hamburger Hochbahnlinie Hauptbahnhof–Rothenburgsort unterführt werden konnte.

Die Lübeck-Büchener Bahn wurde im übrigen mit ihren Personenzuganlagen selbständig so in den Hauptbahnhof eingeführt, daß vom Berliner Tor ab ihre Gleise neben denen der Stadtbahn und zwischen denen der Berliner Strecke zu einer sechsgleisigen Strecke zusammengefaßt wurden, die bis auf den Oberbau gemeinsames Eigentum der drei Parteien wurde. Den ursprünglichen Gedanken, die Lübecker Züge schon vor der allgemeinen Eröffnung des Hauptbahnhofs einzuführen, ließ man fallen und baute dafür auf der Südseite (Stadtseite) des Lübekker Empfangsgebäudes einen provisorischen Bahnsteig mit einem Gleis, der am 1. Mai 1903 in Betrieb genommen wurde. Am gleichen Tage wurde der Berliner Bahnhof für den Personenverkehr geschlossen und sämtliche Berliner Fernzüge zum Klostertorbahnhof umgeleitet. Für den Vorortsverkehr aus Richtung Bergedorf war zwischen Amsinckstraße und Bankskanal ein Interimsbahnhof unter dem Namen Lippeltstraße in Betrieb genommen worden. Zur gleichen Zeit etwa konnten die Baufirmen schon die ersten Erfolge melden. Am 15. Mai 1903 war der Bahnhof Sternschanze fertig, und am 7. Juni 1903 kam für den Dammtorbahnhof der Tag der feierlichen Eröffnung. Auf den Hauptbahnhof mußte man allerdings noch etwas warten. Erst drei Jahre später war es dann soweit! Entsprechend der langen Dauer waren auch die freundlichen Huldigungen ausgedehnter. Der 4. Dezember 1906 stand ganz im Zeichen der Besichtigungen und feierlichen Zusammenkünfte im Bahnhof selbst und im Rathaus. Prominentester Gast war der preußische Minister der öffentlichen Arbeiten v. Breitenbach. Am nächsten Tage,

Der Interimsbahnhof Lippeltstraße (1903–06)

Bahnhof Sternschanze im Jahr der Eröffnung 1903

am 5. Dezember 1906, fuhr der erste blumengeschmückte Zug in den Hamburger Hauptbahnhof ein, der damit offiziell eröffnet war. Am gleichen Tage nahm auch die Hamburg-Altonaer Stadt- und Vorortbahn zwischen Blankenese und Ohlsdorf mit Dampfzügen ihren Betrieb auf. Freilich waren bei einem solchen Riesenwerk die Arbeiten an jenem Eröffnungstage noch nicht beendet. In Richtung Osten hatte die Umlenkung der Lübeck-Büchener Züge und der Abriß des Lübecker Bahnhofes den Ausbau der oben genannten sechsgleisigen Strecke Berliner Tor–Hauptbahnhof erheblich verzögert. Es war schon eine logistische Leistung aller Beteiligten, daß der Zugverkehr trotzdem aufgenommen werden konnte, – mit Verspätungen zwar, aber unfallfrei. Nicht viel anders sah es südlich des Hauptbahnhofes auf dem Gelände des ehemaligen Klostertorbahnhofes aus. Nur abschnittsweise konnte die Viaduktstrecke über den Hannoverschen Bahnhof hinweg vollends fertiggestellt werden. Immerhin – es waren hervorragende Leistungen von Menschen, die die Sicherheit an erster Stelle sahen, und das ist ihnen vortrefflich gelungen.

Sehr trübe waren die Aussichten bei der Stadt- und Vorortbahn. Der angekündigte elektrische Betrieb war nicht einzuführen, weil die Industrie ohne Vorbild und Schablone ein völlig neues Produkt liefern sollte. Die Verzögerung mag heute verständlich erscheinen, mißmutig reagierte dagegen die Bevölkerung, denn das Dampfzug-Angebot konnte nicht annähernd die Nachfrage zufriedenstellen. Erst im Laufe des Jahres 1907 sah man den Probelauf der ersten

Der Stephansplatz mit Dammtorbahnhof im Jahr 1901

elektrischen Züge. Daß diese anfangs eine Bereicherung des Fahrplanangebotes waren, kann man sich kaum vorstellen. Es gab die bekannten »Kinderkrankheiten« in Fülle. Aber schließlich war alle Mühe von Erfolg gekrönt. Am 29. Januar 1908 konnte der volle elektrische Betrieb auf der Gesamtstrecke Blankenese–Ohlsdorf aufgenommen werden. Verkürzte Fahrzeiten und eine angenehme Traktionsart machten die Hamburg-Altonaer Stadt- und Vorortbahn zu einem beliebten Verkehrsmittel bei der Bevölkerung. Aber auch für Fachleute war der Einphasen-Wechselstrom-Betrieb mit 6,3 kV und 25 Hz ein interessantes Beobachtungsobjekt. Diese Strecke war gleichsam die Wiege des deutschen Wechselstrom-Zugbetriebs. Die hier gemachten Erfahrungen gaben die Impulse für die folgenden Elektrifizierungen im Fernbahnbereich. Hamburg selbst hatte davon keinen besonderen Vorteil, allerdings kann es sich rühmen, als erste deutsche Stadt eine elektrische Stadtbahn erhalten zu haben.

Der Platz des Hauptbahnhofes – ein Stück Stadtgeschichte

Am 5. Dezember 1906 berichtete der »Hamburgische Correspondent«:
»Vor dem 30jährigen Krieg befand sich die Gegend außerhalb des Stein- und Spitalertors noch gänzlich im Ur- und Naturzustand; hier war der Borgesch (richtiger wohl Borgeresch), die Bürgerweide. Unter Esch versteht man das Urland einer Ansiedlung. Hier war also die älteste Hamburger Gemeindeweide, während die oft überfluteten Gelände des Grasbrook erst später dem städtischen Rindvieh erschlossen wurden. Über diese Weide führte seit Alters ein

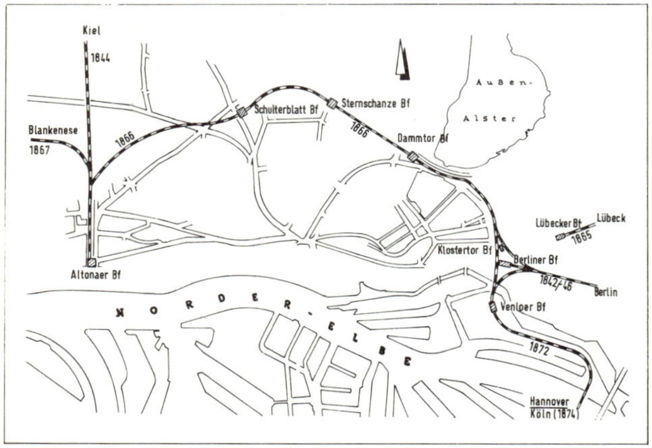

Die Bahnanlagen in Altona und Hamburg bis 1906

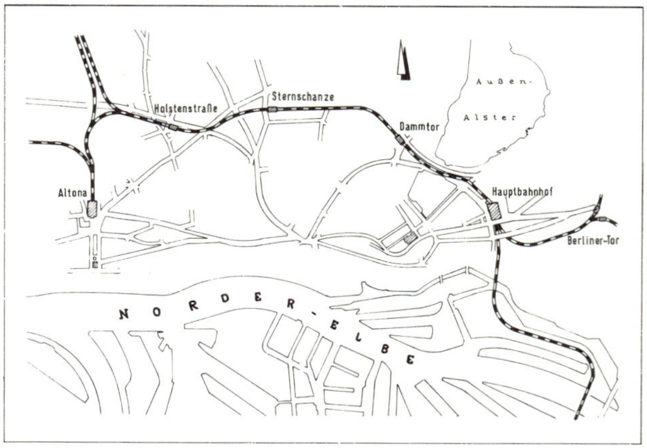

Die Linienführung nach der Umgestaltung

Die Wandelhalle des Hamburger Hauptbahnhofs unmittelbar vor der Eröffnungsfeier im Jahr 1906

einsamer Fußsteig. Als durch die Kreuzzüge auch nach Hamburg die Leprose kam, wurde von Adolf III. von Schauenburg, der selber Kreuzfahrer war, an diesem Pfade ein Leprosenhaus errichtet, das man dem heiligen Georg weihte, gemeiniglich aber nur ›dat elende Hus up dem Stege‹ nannte. Von da ab vereinsamte der Fußsteig noch mehr, da niemand gern den elenden Siechen zu nahe kam. Nachdem jedoch die eigentlich Leprosekranken ausgestorben und statt ihrer sieche Menschenkinder gewöhnlichen Schlages bei St. Georg Zuflucht fanden, verlor die Gegend ihre Schrecken, mählich belebte der Weg sich wieder. Ja, in der Passionszeit, und sonderlich bei gutem Wetter wimmelte es hier förmlich von Menschen, groß und klein. Der Steg war nämlich zum Wallfahrtsweg geworden, und das war so gekommen:

Fromme Kreuzfahrer hatten zu Jerusalem genau die Strecke vom Richthause des Pilatus bis zur Schädelstätte abgetreten, sie hatten auch die Entfernung der drei Stätten, wo Jesus der Überlieferung nach unter dem Kreuze gefallen war, sich wohl eingeprägt. Die so gefundenen Maße übertrug man auf den Weg, der nach dem Spital führte, bezeichnete die einzelnen Stationen durch fromme Bildwerke und beschloß die via dolorosa mit einer Kreuzigungsgruppe, die sonach der Wallfahrt Ziel ward.

Beim Dom am Speersort bezeichnete ein steinern Bildnis, die Hinausführung Christi darstellend, der Wallfahrt Anfang. In der Gegend des Pferdemarktes (heute Gerhart-Hauptmann-Platz, Anm. d. Verf.), wo damals schon die Stadt zu Ende war, ward zuerst Station gemacht. Dann gings am Rübekamp und am Hochgericht (Rackerstraße, jetzt Lilienstraße) vorbei, nach dem späteren Spitalertor, wo wieder Halt gemacht wurde. Die dritte Stätte der Rast war auf der Weide, genau dort, wo heute der Hauptbahnhof sich mächtig wölbt. Zur Bezeichnung dieser Stätte war ein Felsblock aufgestellt, in den links die Mutter Maria mit dem Kinde, rechts der Heiland am Kreuze, eingemeißelt waren. Oben auf dem Stein war ein weithin sichtbares Kreuz angebracht. An der Kirchenallee endlich, unter einem hölzernen Wetterdache, befand sich eine aus Metall getriebene Kreuzigungsgruppe, der frommen Waller Endziel. Dieses letztere Bildwerk ist uns übrigens erhalten geblieben. Es steht gegenwärtig eingegittert neben der St. Georgskirche. (Heute befindet es sich in der Turmkapelle, Anm. d. Verf.)

Ein völlig verändertes Aussehen bekam die Gegend zwischen Spitalertor und St. Georgskirche, als zu Beginn des 30jährigen Krieges großartige Festungswerke angelegt wurden, die den Zweck hatten, das Jakobikirchspiel und das spätere Michaeliskirchspiel in den schützenden Stadtbereich hineinzuziehen. Nebenbei sei hier bemerkt, daß durch diese Maßnahmen tatsächlich unsere gute Stadt von den Schrecken des langen Krieges unberührt blieb. – So schnitt denn auch der Stadtgraben durch die St. Georgsweide, und mit dem gemütlichen Spazierengehen auf tausendjährigem Pfade wars vorbei. Das Wallfahren hatte ohnedies schon mit Eintritt der Reformation aufgehört. Die zweiundzwanzig Bastionen des neuen Festungswerkes wurden nach den Vornamen der damals lebenden Ratsherren benannt. Taufpate der uns hier interessierenden Bastion war der Bürgermeister Hieronimus Vögler; sie ward also Bastion Hieronimus genannt. Der Kuriosität halber sei hier erwähnt, daß 150 Jahre später kein Mensch in Hamburg mehr wußte, wie die Bastionen zu ihren wohlklingenden Namen gekommen. Man nahm daher an, daß sie nach Heiligen benannt seien und setzte, in Ermangelung besserer Kenntnisse, jeder Bastion schlankweg ein »St.« voran. St. Hieronimus zum Beispiel nahm sich auch gar nicht so übel aus, sintemal es vor Alters einen leibhaftigen Heiligen dieses Namens gegeben.

Der Feuergefährlichkeit halber war es den Buchbindern der Stadt untersagt, in ihren Behausungen Leim zu kochen. Um diese Stützen der Kunst und Wissenschaft jedoch in ihrer Erwerbstätigkeit nicht unnötig zu behindern, wurde ihnen erlaubt, gerade auf der

Bastion Hieronimus Leim und Firnis zurechtzukochen, in begrenztem Maße.
Mit dem Stücke Weideland, das nun auf dem Streifen zwischen Festungswerk und Kirchenallee lag, war nicht viel anzufangen. Mit der eigenen Viehzucht der städtischen Bewohner wars überhaupt nichts mehr. In dem Maße, als Handel und Gewerbe, einer großen Seestadt würdig, im 16. Jahrhundert in Flor gekommen waren, sank die städtische Viehzucht zu völliger Bedeutungslosigkeit herab. Was noch an Rindvieh vorhanden war, konnte gut und gern auf dem Grasbrook satt werden. Das war die Zeit, da der vom Heiligengeist-Hospital gehaltene Bulle schon im Nebenamt die Würden und Bürden eines Stadtbullen

Plan der Hansestadt Hamburg mit ihren Befestigungsanlagen im Jahr 1650

bekleiden konnte. – Der übrig gebliebene Weidestreifen also – um auf ihn zurückzukommen – war eigentlich nutz- und wertlos geworden. Da verfiel man im Jahre 1722 darauf, hier einen Armenfriedhof anzulegen. Man wußte in der Stadt oft nicht, besonders wenn schädliche Seuchen auftraten und ein geschwindes Sterben sich ereignete, wie man verstorbene Bürgersleute auf den kleinen vorhandenen Friedhöfen betten sollte. Für fahrend Volk und nichtsnutzige Bettler war, wenn sie des Todes verfuhren, der Platz da draußen am Ravelin St. Georg lange gut genug. – Nachdem dieses Ravelin im Jahre 1765 gänzlich beseitigt und planiert war, wurde sogar der Plan ins Auge gefaßt, auch für ehrbare Bürgersleute dort einen Friedhof anzulegen, zunächst (ab 1793) als Friedhof von St. Jacobi, seit 1803 auch von St. Georg. Es folgte 1815 die St. Gertruden-Begräbnisstätte und schließlich die Ruhestatt der Franzosen Napoleons.

In den kriegerischen Zeitläuften zu Beginn des vorigen Jahrhunderts wurden sich die Väter unserer Stadt darüber klar, daß die Festungswerke bei energischer Belagerung der Stadt absolut nicht zu halten seien, den neueren weitreichenden Geschützen gegenüber, und bei der verhältnismäßig geringen Mannschaft, die Hamburg auf die Wälle zu schicken imstande war. Daher wurden im Jahre 1806 die Festungswerke zum größten Teil abgetragen, und die Bastion Hieronimus ward samt anderen von dem Gartenkünstler Altmann zu Anlagen umgewandelt, dem Auge zu sonderem Ergötzen. (Wie kurz darauf die Franzosen bestrebt waren, die Festungswerke wieder herzustellen, das mag hier, als episodisch, übergangen werden.) In diesen Anlagen wurde, und zwar genau an der Stelle, wo jetzt die stadtseitige Eingangshalle zum Bahnhof sich befindet, 1840 das Denkmal des Grafen Adolf IV. aufgestellt. Zugleich mit dem Denkmal wurde zu Beginn der Bauarbeiten für den Zentralbahnhof auch das Marien-Magdalenenkloster – an der Ecke Spitalerstraße/Glockengießerwall gelegen – nach Eilbeck verlegt. Der Glockengießerwall erhielt eine Breite von ehemals 5 Metern auf nunmehr 12 Meter. An Stelle des Klosters ist dort die Klosterburg entstanden, und wo zuvor die weltgeschiedenen Stiftsdamen sittig und still wandelten, da ist der Unrast eines Groß-Restaurants eine Stätte bereitet worden.

Zugleich wurden die Friedhöfe vor dem Steintore ihrer Bestimmung entkleidet. Der Lebende hat immer Recht, und wenn das Interesse der Lebenden in Frage kommt, absonderlich im Verkehrsinteresse, so wiegt auch die Heiligkeit des Grabes nicht schwer. Die Friedhöfe verharrten übrigens schon lange in ihrer Ruhezeit. Sie waren, seit St. Georg Stadtteil geworden, und ein belebter, längst im Wege gewesen. Ein allzu aufdringliches Memento mori wird leicht lästig empfunden, zudem waren die Friedhöfe in ihrem Verfall durchaus nicht ästhetisch anmutend.

Wer ein Bild davon haben will, wie die Kirchenallee noch vor zehn Jahren auf ihrer unbebauten Seite aussah, der gehe nach der Kunsthalle. Das Bild des Winters, das dort neben anderen das Treppenhaus ziert, ist ein getreues Konterfei des alten Jakobifriedhofes. Es ist das Bild, dem das Epigramm beigegeben ist:

Heimlich unter dem Schnee
Keimt schon der künftige Frühling;
Tröste dich, alterndes Haupt:
Jeglicher Tod ist nur Schein

So wurden denn, als der Bau des Zentralbahnhofes beschlossene Sache war, die Gräber der alten Friedhöfe geleert. Bei Nacht und Nebel wurden die Gebeine derer, die hier dem ›lieben jüngsten Tag entgegenzuschlummern‹ gedacht, nach Ohlsdorf hinausgebracht.

Unaufhaltsames Leben und Treiben wird demnächst über die frühere den Toten geweihte Stätte dahinfluten. Auch in diesem Sinne war der Tod nur Übergang und Schein.«

Der Hauptbahnhof in der Bewährung

Nach Fertigstellung der Umbauten überraschte vor allem der Verkehrszuwachs auf der Hamburg-Altonaer Stadt- und Vorortbahn. Noch während der Bauarbeiten glaubte man, die einzelnen Bahnsteige der beiden großen Bahnhöfe Altona und Hauptbahnhof gar nicht genug ausnutzen zu können; aber sehr schnell mußte man sich eines Besseren belehren lassen. Der steigende Verkehr zerstörte bald die Auffassung, »aus dem Vollen geschöpft zu haben und für Hamburg das Beste gegeben zu haben«, wie es in der »Laudatio« anläßlich der Eröffnungsfeier verkündet wurde.

Zur Zeit der Planungen konnte allerdings noch niemand die alsbald allgemein einsetzende stürmische Entwicklung in Industrie und Wirtschaft und die als Folge einsetzende Bevölkerungswanderung voraussehen.

Die Statistik sagt folgendes über jene Zeitepoche:

	1890	1913
Bevölkerungszahl in Deutschland	49 Mio.	67 Mio.
Betriebslänge der deutschen Eisenbahnen	41500 km	63800 km
durch Eisenbahn beförderte Personen	421 Mio.	1834 Mio.
beförderte Gütertonnen	213 Mio.	559 Mio.
Einnahmen der deutschen Eisenbahnen (Mark)	1265 Mio.	3580 Mio.

Angesichts solcher gravierender Veränderungen brauchen wir uns heute nicht überlegen zu fühlen. Auch heute kann niemand die Garantie übernehmen, ob die gegenwärtig erstellten oder noch im Bau befindlichen Verkehrsanlagen – gleichgültig, ob Schiene, Straße, Kanal oder Flughafen – in den nächsten zwanzig Jahren den Anforderungen genügen werden.

Die Herrschaft fährt vom Hauptbahnhof in die Ferien

Was in jenen Jahren auf den Hauptbahnhof einstürmte, war gewaltig. Vor dem Ersten Weltkrieg wurden Sonntag für Sonntag in den Sommermonaten über 35000 Fahrkarten allein für Ausflüge in die Heide verkauft; an solchen Tagen mußten bis zu 100 Sonderzüge zusätzlich gefahren werden. Kein Wunder, daß dann die gebündelt und neben den planmäßigen Zügen verkehrenden Zugeinheiten zu Verkehrsstauungen mit Halten bis zu einer halben Stunde auf den Elbbrücken führten. (Welch eine Parallele zu den heutigen Verkehrslagen an warmen Sommersonntagen!) Diesem Übel abzuhelfen, war dringendes Gebot. Sachsenwald-Sonderzüge wendeten im Bahnhof Berliner Tor. Das brachte keine Verstimmung der Fahrgäste, weil dort U-Bahn und S-Bahn gut zu erreichen waren und ein Großteil der Ausflügler aus dem volkreichen Hammerbrook stammte. Für den Heideverkehr richtete man den für den Personenverkehr schon stillgelegten Hannoverschen Bahnhof mit einem Mittelaufwand von rund 140000 Mark wieder her; ab Sommer 1914 stand er – erneut zu Ehren gekommen – für den Heideverkehr zur Verfügung (wie schon kurz gesagt, nicht gerade

zur Freude der Heidewanderer, weil der Anschluß ins Stadtzentrum fehlte).
Neben dem Ausflugsverkehr standen die hamburgischen Bahnhöfe im Jahre 1913 einer neuen, unerwarteten Belastung gegenüber. Es waren die zahlreichen Reisenden, die durch die Indienststellung von HAPAG-Dampfern der Imperator-Klasse nach Hamburg kamen. Diese Situation kann vielleicht mit dem Einsatz der Jumbo-Jets und der Überlastung verschiedener Flughäfen (und deren Anlagen) verglichen werden. Denn in jener Zeit setzte, neben dem schon gewohnten Bild der Auswanderer, ein großer Strom von Rückwanderern aus Amerika ein, die vorwiegend nach Osteuropa oder in die Balkanstaaten weiterreisen wollten. Auch dadurch gab es wieder außergewöhnliche Arbeit zu bewältigen – und in dieser Situation erinnerte man sich gern der Kapazitätsreserve des »Hannoverschen Bahnhofes«. Es waren bis zu 27 Sonderzüge täglich zwischen Hamburg und Cuxhaven allein für den Aus- und Rückwande-

1918 im Hannoverschen Bahnhof: Soldaten kehren aus dem Ersten Weltkrieg heim

rerverkehr zu fahren. Welch babylonisches Sprachgewirr muß da wohl auf den Bahnsteigen geherrscht haben!
Allein aus Deutschland sind im 19. Jahrhundert etwa 6–7 Millionen Menschen ausgewandert. Von den humanitären Gründen einmal abgesehen, bedeutete diese Bewegung für die Volkswirtschaft allein an unvergoltenen Ausbildungskosten und Kapitalabfluß einen materiellen Verlust von 6–8 Milliarden Mark.
Dann kam das Jahr 1914 und mitten im heißen Sommer die drohende Kriegsgefahr. Es war, als hätte alle Menschen in den Feriengebieten nach der Kriegserklärung der Blitz getroffen; alle wollten plötzlich nach Hause. Die Züge waren überfüllt, das Reisen unbeschreiblich. Ganz unglaublich klingen schon die Berichte über die Gepäckbeförderung. Auf allen Bahnsteigen des Hauptbahnhofes stapelten sich die Gepäckstücke und Koffer zu einer gewaltigen Mauer von drei Metern Höhe und endloser Länge. Unmöglich war es, einzelne Stücke wiederzufinden. Als der Zustrom nicht abreißen wollte, gab es keinen anderen Ausweg mehr, als über 60 Güterwagen vollbeladen mit Gepäck zum Güterschuppen an der Lippeltstraße zu fahren. Monate dauerte es, bis die letzten Koffer wieder in die Hand ihrer Besitzer gelangt waren.
In den Tagen der Mobilmachung kam der Zivilverkehr allgemein zum Erliegen. Wer es trotzdem schaffte, eine Zulassungskarte zu ergattern, mußte von Hamburg nach Berlin mit einer Fahrtdauer von über 12 Stunden rechnen. Indes rollten Tag und Nacht in regelmäßigen Abständen Militärtransporte, 48 Mann oder 6 Pferde in einem Güterwagen. Von Altona, Sternschanze und dem Hannoverschen Bahnhof fuhren junge Menschen singend an die Front. Es dauerte nicht lange, da forderte der Krieg seine Opfer. Mehr und mehr begegneten die Reisewilligen in den Bahnhöfen Lazarettzügen, die von der Front kamen. Vom Jahre 1916 an übernahmen Frauen in zunehmendem Maße den schweren Dienst des Eisenbahners. Auch der Hauptbahnhof selbst blieb nicht unangetastet. Die Kupferdeckung, die schon eine schöne Patina zeigte, mußte dem Moloch Krieg geopfert werden. Der Mangel an Buntmetall machte sich aber auch empfindlich im Eisenbahnverkehr bemerkbar. Der Schadwagenbestand der elektrischen Stadt- und Vorortbahn stieg immer höher, bis im Jahre 1918 von den vorhandenen 140 Triebwagen nur noch 34 einsatzfähig waren. Verständlich, daß damit ein fahrplanmäßiger Betrieb nicht mehr durchzuführen war. Die bewährte Dampflok mußte wieder her, und Dank der so gefahrenen Ersatzzüge war ein Mindestangebot vorhanden (leider dauerte der gemischte Dampf-/E-Betrieb noch bis 1925).
Eine Fachzeitung kommentierte die Lage der Eisenbahn in Deutschland so: »... man muß an der Möglichkeit des Wiederaufbaues zweifeln. Jedenfalls wird es dazu langer Jahre rastloser, mühseliger Tätigkeit bedürfen.«

Die Zeit nach dem Ersten Weltkrieg

Mitte der zwanziger Jahre begann eine neue Aufwärtsbewegung auf fast allen Gebieten der Eisenbahntechnik. Eine Bestandsaufnahme bei der Deutschen Reichsbahn-Gesellschaft ergab, daß es in ihrem Verwaltungsbereich mehr als 250 Gattungen von Lokomotiven gab. Diesem Mißstand mußte ein Ende bereitet werden. So begann man ab 1925 Einheitslokomotiven zu bauen, unter gleichzeitiger Ausmusterung von unwirtschaftlichen Baureihen. Das Besondere an diesem Vorhaben war, daß nicht etwa nur die bewährtesten Typen der einzelnen Länderbauarten herausgesucht und im ganzen Reich nachgebaut wurden, sondern daß man sich entschloß, endlich völlig neue Typen zu entwickeln (unter den wenigen Ausnahmen war die preußische P8, die als Baureihe 38 stückzahlmäßig zum VW der Lokomotiven avancierte). Das grüne Licht für völlig neue Lokomotivkonstruktionen erhielten die Techniker durch die zeit-

Die preußische 2C-Lokomotive P8, die spätere Einheitslokomotive der Baureihe 38

gleiche Verbesserung des Oberbaues auf den Hauptstrecken, der dort von allgemein 18 t auf 20 t Achsdruck verstärkt wurde. Heute ist ein solch verstärkter Oberbau als Normalstreckenklasse C auf den Hauptbahnen der DB generell eingeführt.
In jener Zeit des Aufwindes machte auch Hamburg in der Eisenbahnwelt Schlagzeilen. 1924 begannen Versuche der Firma Erich F. Huth GmbH mit drahtloser Zugtelefonie, die 1927 in der Einführung des Zugfunkbetriebes auf der Strecke Hamburg–Berlin in den FD 23/24 gipfelten.
Eine Fachzeitung schrieb dazu:
»Das Problem, eine Sprechverbindung mit fahrenden Eisenbahnzügen herbeizuführen, ist durch eine kombinierte Draht- und Hochfrequenzleitungstelefonie gelöst worden. Gemütlich im Abteil sitzend, kann der Reisende die Rundfunkdarbietungen des fernen Senders mithören. Durch das Fernsprechamt kann man sich über die die Zugstation anrufende Gegenstation mit dem an das Zugtelefon herangerufenen Fahrgast verbinden lassen. Ähnlich kann umgekehrt der Fahrgast mit einem Ortsfernsprechteilnehmer verbunden werden.«
Es war schon ein Riesenschritt vorwärts in die technische Zukunft. Aber erst seit dem Sommer 1980 kann man auch über Funk-Münzfernsprecher in bestimmten IC-Zügen der DB telefonieren. Es handelt sich zunächst um einen Langzeittest mit zwei Modellen in den IC-Zügen »Gutenberg« und »Senator« zwischen Hamburg und München. Bei Bewährung werden ab 1982 alle IC und TEE diesen Service anbieten. Auch an Innovationen in der Andienung fehlte es in jener Zeitperiode nicht. Franz Kruckenberg war nur der Anfang, und wieder schaute die Welt nach Hamburg: Der Kruckenberg-Propellertriebwagen der »Gesellschaft für Verkehrstechnik« durfte zu seiner ersten Fern-Versuchsfahrt am 21. Juni 1931 von Hamburg aus in Richtung Berlin starten. Betrieblich, beziehungsweise sicherungstechnisch sind dabei wohl einmalige Maßnahmen angewandt worden; der gesamte Zugverkehr ruhte während des Testes, Schranken waren doppelt gesichert, und selbst entlang der Strecke standen Sicherheitskräfte. Die spannende Reportage sei wörtlich den »Hamburger Nachrichten« entnommen:
»Um 3.27 Uhr in der Frühe soll der ›Schienenzeppelin‹ in Bergedorf starten. Knapp zehn Minuten vorher ist er nach langsamer Fahrt von Hamburg hier eingetroffen. Wir dürfen für eine Weile das Wunderwerk deutscher Technik aus der Nähe betrachten. Das silbergraue, in seiner stromlinienförmigen Gestaltung pfeilschlanke Fahrzeug macht den Eindruck technischer Vollendung. Die Bedeutung des Augenblicks und die gewisse Feierlichkeit wird unterstrichen durch die Natur. Es ist taghell, aber nach der Uhrzeit ist es noch Nacht. Die Vögel schmettern ihr Frühlingslied. Die Menschen sprechen mit gedämpfter Stimme. Und nun kommt Kruckenberg. Er zeigt nicht die leiseste Spur von Nervosität. In seiner Erscheinung und Haltung stellt er den Idealtypus des Ingenieurs dar, elastisch in seinen Bewegungen, ruhig und sehr bestimmt in seinen Anordnungen, mit einem Kopf, der die geistige Bedeutung erkennen läßt.
Eine Minute vor der Zeit nimmt Kruckenberg in seinem Wagen Platz. Der Motor läuft bereits. Immer

lauter brüllt er. Immer rascher wird der Propeller herumgewirbelt. Über den beiden Auspufföffnungen auf dem Dach des Wagens stehen zwei kurze Flammenbündel. Jetzt das Zeichen zur Abfahrt! Und nun bewegt sich der Schienenzeppelin und gleitet rasch und rascher werdend dahin. Und der Beifall der Zuschauer ist aufrichtig und freudig. Das Gefühl, soeben einen historischen Augenblick miterlebt zu haben, bleibt in uns allen zurück.«
Es war in der Tat ein historischer Augenblick: In nur 98 Minuten durchjagte der zweiachsige Triebwagen die 257 km lange Strecke von Bergedorf bis Spandau mit einer Spitzengeschwindigkeit von 230 km/h, die er zwischen Karstädt und Wittenberge erreichte. Es war nicht nur die Nacht der Sonnenwende, sie brachte auch eine Wende im Eisenbahnverkehr. Die Ära des Schnelltriebwagens begann – wenn auch nicht mit Kruckenbergs Propellertriebwagen, denn der Propellerantrieb in dieser Form bewährte sich nicht. Vielmehr reifte in den Konstruktionsbüros des Reichsbahn-Zentralamtes in Berlin, der Görlitzer Waggon- und Maschinenbau A.G. und bei Maybach in dieser Zeit eine Sensation, ein zweiteiliger, dieselelektrischer Triebwagen, der »Fliegende Hamburger«.

Kruckenbergs Schnelltriebwagen im Jahr 1933 im Bahnhof Friedrichsruh

Der »Fliegende Hamburger«

Mußte erst der Anstoß von Kruckenberg kommen, damit die Eisenbahn sich zu einem systematischen Schnelltriebwagenbau entschließen konnte? Diese Frage kann schlichtweg verneint werden, denn bis zum Jahre 1930 war die Industrie nicht in der Lage, leichte und zugleich betriebssichere Dieselmotoren für Höchstleistungen herzustellen. Kaum waren sie auf dem Markt, sah die Deutsche Reichsbahn-Gesellschaft endlich die Möglichkeit, der anwachsenden Konkurrenz durch das Flugzeug Einhalt zu bieten. Und nicht von ungefähr hieß der nun entstehende Zug schon auf dem Reißbrett der »Fliegende Hamburger«. Denn wie stand es eigentlich um die Reisegeschwindigkeiten der Flugzeuge? Die Ju 52, das damalige Standardangebot der Lufthansa, war 1933 nur 260 km/h schnell und konnte 15 bis 17 Fluggäste befördern. Die Chance der Eisenbahn, den Wettbewerb zu bestehen, war also durchaus groß. Schon die

Der »Fliegende Hamburger« im Jahr 1932 im Hamburger Hauptbahnhof

Modellversuche im Windkanal des Zeppelin-Luftschiffbaues in Friedrichshafen machten die Eisenbahner hoffnungsfroh. Es ging darum, Reisende in nur 2½ Stunden vom Zentrum Berlins in die Stadtmitte Hamburgs zu befördern, dazu war die Beinahe-Flugzeuggeschwindigkeit von 160 km/h erforderlich. Dieser Triebwagen sollte es schaffen!

Der »Fliegende Hamburger« bestand aus einem zweiteiligen Fahrzeug auf sechs Achsen in drei Drehgestellen. Die Enddrehgestelle enthielten je einen 410-PS-Dieselmotor mit Generator. Mit dem erzeugten Strom wurden zwei Elektromotoren als Fahrmotoren angetrieben, die im mittleren Drehgestell lagen. Eigentlich handelte es sich also um einen elektrischen Triebwagen mit eigener Stromversorgung. Man nannte diese Art der Kraftübertragung vom Dieselmotor auf die Treibachsen »dieselelektrisch«. Es war eine zuverlässige, aber schwerfällige Kraftübertragungsart, die heute weitgehend in Deutschland von der »dieselhydraulischen« Kraftübertragung abgelöst wurde. (Eine Renaissance in modifizierter Form scheint durchaus möglich, wie es die neuen Triebwagen der AKN beweisen.)

In seiner ersten Ausführung erhielt der Triebwagen 102 Sitzplätze heutiger erster Klasse (also das Sechsfache der Ju 52). Außer einem Gepäckraum war eine Küche vorhanden. Ein besonderer Speiseraum fehlte noch. Später wurde der Triebwagen, der ursprünglich ein Dienstgewicht von nur 77,5 t besaß, mehrfach umgebaut.

Am 19. Dezember 1932 durchraste der »Fliegende Hamburger« die 286,8 km lange Strecke von Berlin nach Hamburg (Lehrter Bahnhof–Hauptbahnhof) in 142 Minuten. Sensationell, denn der schnellste FD-Zug brauchte damals 179 Minuten. Nach einer Reihe von Probefahrten in den folgenden Monaten begann am 15. Mai 1933 der fahrplanmäßige Betrieb zwischen Hamburg und Berlin mit einer Reisedauer von 2 Stunden, 18 Minuten. Der »Fliegende Hamburger« errang das »Blaue Band« der Schiene. Er war damals der schnellste Reisezug der Welt.

Der »Fliegende Hamburger« fand eine Reihe von Nachfolgern, zunächst die ihm ähnliche Bauart »Hamburg« (elektrisch), Baureihe VT 04[1]. Später kamen noch die Baureihen 06, 07, 08; er selbst blieb ein Einzelstück. Deshalb und zur besonderen Ehre erhielt er innerhalb der Baureihe 04 die kuriose Betriebsnummer VT 04 000, also eigentlich überhaupt keine Ordnungsnummer.

Die Lokomotive 05 002 im Bahnbetriebswerk Altona 1936

Am 17. Februar 1936 gab es abermals eine Überraschung. Auf der Strecke Hamburg–Berlin erreichte ein Triebwagen der Bauart »Leipzig« die Höchstgeschwingigkeit von 205 km/h. Schließlich trat im Jahre 1938 Kruckenberg noch einmal ins Rampenlicht mit seinem weiterentwickelten Schienenzeppelin. Sein dreiteiliger Triebwagen mit zweimal 600 PS erreichte eine Spitzengeschwindigkeit von 215 km/h.
Fast bis ins Gigantische wollte sich der Optimismus auf dem Gebiet der Sicherheit und Schnelligkeit auf dieser Bahnstrecke steigern, nachdem die hier ausprobierte »induktive Zugbeeinflussung« sich als absolut sicher und dauerhaft erwies und als die Dampflokomotive mit den Dieseltriebwagen Schritt zu halten versuchten. Und das kam so: Der Einsatz der Schnelltriebwagen rief bei den Dampflok-Spezialisten die erwartete Reaktion hervor. Sie waren entschlossen, Dampflokomotiven für eine Höchstgeschwindigkeit von 175 km/h zu bauen. Aber Versuchsfahrten mit der normalen 03, der damals bekanntesten Schnellzug-Einheitslokomotive, zeigten, daß der Wirkungsgrad schon bei 140 km/h wegen des Luftwiderstandes auf 42 % absank, das heißt von 100 geleisteten PS im Zylinder verbrauchte die Lokomotive für sich selbst 58 PS. Um die »Schallmauer« zu durchbrechen, gab es nur eines, nämlich durch Stromlinienverkleidung den Luftwiderstand zu verringern. Jetzt erst begannen die Dampflokomotiven aufzuholen. Diverse Lokomotiven der Baureihe 03 wurden entsprechend umgebaut. Drei »Rennpferde«, 2'C2'-Lokomotiven mit einem Treibraddurchmesser von 2,30 Meter, die die Baureihennummer 05 erhielten, lieferte die Firma Borsig. Am 11. Mai 1936 durchlief die Nachrichtenagenturen der Welt eine neue Rekordmeldung. Ein mit der 05 002 bespannter 200 t schwerer Zug erreichte auf der Fahrt von Hamburg nach Berlin die Höchstgeschwindigkeit von 200,4 km/h. Das war ein absoluter Sieg. Niemals wieder sollte in Deutschland eine Dampflokomotive mit dieser Geschwindigkeit im Wettbewerb mit anderen Fraktionsarten fahren.

Die Eisenbahn im Binnenland und an der Waterkant

Zwei Jahre nach Gründung einer Königlichen Eisenbahndirektion in Altona hatte sich allerhöchster Besuch angemeldet. Kaiser Wilhelm II. ließ es sich nicht nehmen, am 3. Juni 1887 selbst den Grundstein für die Holtenauer Schleuse zu legen, ein mehr als nur sinnbildlicher Akt zu einem großen Verkehrsbauwerk, dem sogenannten Nord-Ostsee-Kanal. Die bisherigen unrühmlichen Kanäle dieser Region waren anfangs schon genannt worden. Nach dem Deutsch-Dänischen Krieg von 1864 kam die Initiative zu einer besseren Infrastruktur von Preußen, es blieb aber zunächst nur bei Untersuchungen und Plänen, die von Oberbaurat Lentze aufgestellt wurden. Um endlich zu einem greifbaren Ergebnis zu kommen, regte im Jahre 1878 der Hamburger Reeder Dahlström von neuem die Ausführung des von Wasserbauinspektor Boden verbesserten und verbilligten Lentzeschen Entwurfs an. Nach nochmaliger Bearbeitung nahm die Reichsregierung das Projekt selbst in die Hand, nachdem der Reichstag und der preußische Landtag zugestimmt hatten.
Dieses enorm wichtige und umfangreiche Bauvorhaben kreuzte alle vier in Nord-Süd-Richtung verlaufenden Eisenbahnlinien, für die man folgende Überbrückungen realisierte:
Auf Drehbrücken überschritten den Kanal die Linie Itzehoe–Heide in der Nähe des Bahnhofes St. Margarethen und die Linie Neumünster–Schleswig bei Rendsburg. Auf festen, kombinierten Straßen-/Eisenbahnbrücken dagegen durften schon von vornherein die Linien Neumünster–Heide–Tönning bei Grünenthal und Kiel–Eckernförde bei Levensau den Kanal überqueren. Am 21. Juni 1895 ist dann der Kanal durch den Kaiser eröffnet worden. In der Euphorie der Stunde erhielt er den Namen »Kaiser-Wilhelm-Kanal« (heute nennt man ihn wieder Nord-Ostsee-Kanal, international »Kiel Canal«). Der Zuspruch war so groß, daß schon etwa zwanzig Jahre später der Kanal verbreitert werden mußte, anderer-

Eisenbahndrehbrücken bei Rendsburg.
Die westl. Brücke ist ausgedreht, die östl. geschlossen.

seits waren die Drehbrücken für den Eisenbahnverkehr kein Dauerzustand. Als in diesem Zusammenhang am 1. Oktober 1913 die bekannte Rendsburger Hochbrücke über den Nord-Ostsee-Kanal eröffnet wurde, galt dieser Bau als technisches Wunderwerk. Den Ingenieuren war eine vortreffliche Lösung gelungen. Der Bahnhof Rendsburg liegt in unmittelbarer Nähe des Kanals. Um auch für schwere Güterzüge eine passierbare Neigung zu erreichen, mußte für die nördliche Rampe der Brücke eine mächtige Schleife geschaffen werden, eine Konstruktion, die in Norddeutschland einzig ist. Mit den Rampen mißt das Kreuzungsbauwerk 4,81 km, die Stahlkonstruktion der Brücke allein 2454 Meter. Von oben bietet sich ein faszinierendes Bild auf den Kanal und die weite Geestlandschaft. Die neue Brücke der Marschbahn rutschte ein ganzes Stück weiter nach Osten zwischen Wilster und St. Michaelisdonn. Diese Brükke mit einer Länge von 2218 Metern konnte den Kanal direkt bezwingen und löste damit die Drehbrücke bei St. Margarethen ab.

Die erste radikale Veränderung des Streckennetzes im norddeutschen Eisenbahnbereich gab es 1920, als weite Teile Nordschleswigs an Dänemark abgetreten werden mußten. Ähnlich wie leider in der jüngeren Vergangenheit durch die deutsch-deutsche Grenze wurden auch hier die Eisenbahnlinien plötzlich unterbrochen, Bahnhöfe verloren an Bedeutung, ganze

Hochbrücke bei Levensau.

Strecken an Wert, so der Bahnhof Tondern und die Marschbahn als Zubringerstrecke über Tondern –Hoyerschleuse für die Schiffsverbindung zur Insel Sylt.
Die Insel Sylt wurde durch die Gebietsabtrennung besonders hart getroffen, da ihre einzige regelmäßige Verkehrsverbindung mit Deutschland verloren ging. Aus dieser Not geboren wurde der schon vor dem Ersten Weltkrieg diskutierte Plan eines Eisenbahndammes vom Festland zur Insel Sylt. 1923 begannen die Bauarbeiten an dieser verwegenen Unternehmung. Am 1. Juni 1927 konnte der 13 km lange Damm und mit ihm die neue Direktverbindung nach Westerland in feierlicher Form in Betrieb genommen werden. Der damalige Reichspräsident Paul von Hindenburg war dabei, und man gab ihm zu Ehren diesem Damm den Namen »Hindenburg-Damm«. Er ist zum Begriff geworden für Sonne, Sand und Ferienglück.
Welche Bedeutung der Hindenburgdamm für die Insel heute hat, wird durch die Zahl der bahnbeförderten Autos deutlich. Im Jahre 1980 sind es insgesamt 265 800 gewesen, wobei in Spitzenzeiten bis zu 23 Autozüge täglich unterwegs waren.

Dampfzug auf der Rendsburger Hochbrücke (Winter 1971/72)

Einer der ersten Auto-Transportzüge, die nach dem Zweiten Weltkrieg auf die Insel Sylt fuhren

Der Hauptbahnhof vor dem Zweiten Weltkrieg – die Kriegsjahre

Vermehrter Postwagenverkehr und damit stärkerer Verschiebedienst im Postbezirk des Hauptbahnhofes, sowie das Bedürfnis, das Gleis 8 (heute Gleis 10) für durchfahrende Güterzüge möglichst ungehindert zu benutzen, waren die Hauptgründe, das alte Stellwerk Hp durch ein elektromechanisches Reiterstellwerk vom Typ S&H 1912 zu ersetzen. Es konnte am 9. Juli 1933 angeschlossen werden und ist erst durch das neue Zentralstellwerk »Hzf« im Juni 1977 entbehrlich geworden.

Am 23. Oktober 1934 war in Bergedorf Schluß mit den unzulänglichen Bahnanlagen aus der Gründerzeit. Die bereits 1927 geplante und zwei Jahre später vertraglich vereinbarte Beseitigung der schienengleichen Bahnübergänge fand an diesem Tage nach umfangreichen Dammschüttungen und der Eröffnung des neuen Bahnhofes über dem Straßenniveau den Abschluß. Gleichzeitig fuhr der erste Zug von Berlin nach Hamburg durch den neuen Bahnhof.

Bergedorf 1929 mit seinem alten Bahnhof, der noch im Straßenniveau lag, so daß die Bahn die Stadt zerschnitt

Ein doppelgeschossiger Zug der bis 1938 noch privaten Lübeck-Büchener Eisenbahn-Gesellschaft

Die Jahre vor dem Zweiten Weltkrieg standen für den Hauptbahnhof ganz im Zeichen der staatlich geförderten Vergnügungsreisen und vieler Großkundgebungen. Daneben waren – mangels einer Güterumgehungsbahn – immer mehr Güterzüge durchzuschleusen. Daß dieser Verkehr bewältigt werden konnte, ist ein Rätsel, denn die technischen Voraussetzungen waren mehr als dürftig. Auf dem Bahnsteig gab es zum Beispiel noch keine Lautsprecher. Mit einer Glocke »bewaffnet« und mit lauter Stimme wurden die Reisenden unterrichtet. Ein Unding bei dieser Menschenfülle! Erst 1936 bekamen die Bahnhöfe Altona und Hauptbahnhof Lautsprecheranlagen für ihre Bahnsteige, nachdem bereits 1928 erfolgversprechende Versuche im Bahnhof Berlin-Zoo gelaufen waren. Noch wichtiger aber war wohl die Verständigung zwischen Rangierpersonal und Stellwerk. Dort behalf man sich nur mit Flüstertüte oder Zeichensprache. Und das übertrage man auf die damaligen Rangierbahnhöfe!

Alle hatten es befürchtet, keiner wollte es glauben. Mit einem Paukenwirbel überraschte der Zweite Weltkrieg die Bevölkerung. Alle, die diese Zeit erlebt haben, waren Zeugen der vielen Leiden, sahen, wie die Städte in Trümmer fielen. Die fast hundertjährige Aufbauarbeit der Eisenbahn schien umsonst gewesen zu sein. Fast »über Nacht« hatte sich die Szenerie auf den Hamburger Bahnhöfen gewandelt. Von Rekordfahrten sprach keiner mehr. Der Bahnsteig wurde zum Roulette-Teller. Jeder Abschied konnte ein Abschied für immer sein. So manches Warten war vergeblich. Wer kann ermessen, wie viele Schicksale sich damals auf den Hamburger Bahnhöfen entschieden haben, wie viele Stunden der Hoffnung und der Angst damals auf den Bahnsteigen verbracht wurden in Erwartung eines Menschen? Wer aber konnte sich nicht mitfreuen, wenn die Geduld des Wartens belohnt wurde?

Dann kam das Jahr 1941 und damit die Ausweitung des Bombenkrieges. Fast täglich heulten die Sirenen und anscheinend planlos fielen die Bomben. Der Hauptbahnhof erhielt die ersten Treffer. Die Gepäckausgabe und die ostseitige Fahrkartenausgabe waren nur noch Trümmerhaufen. Eine weitere Bombe durchschlug den Fußboden der Wandelhalle und bohrte sich in das darunter liegende Bahnsteiggleis 3 – ohne zu explodieren. Trotzdem – die Bombe war wie ein Menetekel für die noch folgende Katastrophe.

Der Hauptbahnhof 1938 von der Kunsthalle aus gesehen

Die ersten größeren Schwierigkeiten gab es durch Bombentreffer im Stellwerksbezirk Ho (Richtung Berlin/Lübeck), wobei auch das Befehlsstellwerk selbst getroffen wurde. Zufällig blieb das im Aufbau begriffene moderne Vierreihenstellwerk (Typ VES 1932) unversehrt, so daß das alte Stellwerk aufgegeben werden konnte und mit größter Beschleunigung das neue Werk gangbar gemacht wurde. Nachdem kurze Zeit der Zugverkehr durch den wiederhergestellten Weichenbereich mit provisorischer Sicherung (die Weichen mußten örtlich verschlossen werden) durchgeschleust wurde, kamen seit dem 31. Mai 1941 die Signale vom neuen Stellwerk.

Aber Hamburg und seine Eisenbahn sollten in der folgenden Zeit wenig Ruhe finden, die Störangriffe forderten ihre Opfer. Inzwischen meldeten mehr oder weniger sämtliche Stellwerksbezirke Bombenschäden, – die Züge fuhren nicht selten mit »Vorsichtsbefehlen«, weil mit Blindgängern gerechnet werden mußte – schrieb man das Jahr 1943. In jenen unvergeßlichen Julinächten brach auch Hamburgs Verkehrswesen zusammen, verbrannt, verbogen, zerschmolzen, zerstört. In Schutt und Asche und Schrott versanken die Bahnhöfe Berliner Tor, Landwehr, Barmbek und Friedrichsberg. Als Torso verblieben die Anlagen von Sternschanze, Holstenstraße und auch Altona mit dem Befehlsstellwerk Ao, einst Europas drittgrößtes Stellwerk, das bei einer Länge von 40 Metern über 280 Weichen- und Signalhebel zusammenfaßte und nun völlig ausbrannte.

Und in der zweiten Nacht traf es auch den Hamburger Hauptbahnhof, trotz oder wegen der vorher angebrachten Tarnung brannte die mächtige Halle lichterloh. Die Gleisanlagen im Hafen, die Rangierbahn-

Blick auf den Hauptbahnhof vom zerstörten Hotel Berlin in der Mönckebergstraße aus im Juli 1943

höfe und Abstellanlagen glichen einander in trostloser Agonie. Niemand kann zählen, wieviel Leid der Krieg gesät hat, wieviel Opfer er verlangt und wieviel Wagemut er herausgefordert hat. Damals, als Hamburg vernichtet schien, begannen Eisenbahner mit der Evakuierung der Überlebenden. Ein selbstloser Einsatz, durch den das Unfaßbare möglich wurde: In 625 Sonderzügen schafften 786000 Menschen den Weg ins Freie. Fritz Schumacher, der große Hamburger Baumeister, schrieb über jene schrecklichen Stunden des Infernos in sein Tagebuch: »Schaudernd blickt der Verschonte in die geisterhaft erhellte Nacht hinaus... das Schreckliche aber ist, daß in all diesem elementaren Geschehen auch nicht ein Ton von Menschenstimmen erschallt... alles Menschliche ist stumm geworden, als hätte der Tod es schon hinweggerafft.«

Erst am 12. August 1943 konnte der Verkehr nach dem Norden vom Hauptbahnhof aus wieder aufgenommen werden. Für Züge von und nach dem Süden galt Harburg als Endbahnhof. Die Berliner Züge endeten oder begannen ihre Fahrten in Bergedorf, die Lübecker Eisenbahnen wendeten in Wandsbek. Wo und wann möglich, fuhren Pendelzüge.

Vor den Bahnsteigsperren des Bahnhofs Altona im Kriegsjahr 1944

Die Eisenbahn als universeller Partner

1945 ... und was dann kam

Deutschland erlitt wohl eine der schwersten militärischen und politischen Niederlagen der Weltgeschichte. Am 3. Mai 1945 schlug für Hamburg die Stunde Null. In die durch 213 Luftangriffe zu 49% zerstörte Stadt rückten englische Soldaten ein. Das Leben in den Straßen und Bahnhöfen erstarb. Die sofort von den Alliierten verhängte Ausgangssperre verfehlte nicht ihre Wirkung. Erst ganz allmählich wurden einzelne Passierscheine (Permits) für Angestellte lebenswichtiger Betriebe ausgegeben. Auch Eisenbahner gehörten dazu. Für alle gab es nur die eine bange Frage: Wie wird es weitergehen? Der Hafen mitsamt den Eisenbahnanlagen war zu 80% zerstört. In den Hafenbecken zählte man 2900 beschädigte Schiffe, 312 lagen auf Grund. Die Einwohnerzahl der Stadt hatte sich auf 800000 dezimiert, eine Zahl, die aber in ganz kurzer Zeit auf 1,4 Mio. hochschnellte, trotz der nur 115000 unbeschädigt gebliebenen Wohnungen. Der Kriegsschaden der Stadt wurde später auf 21,5 Mrd. Mark geschätzt.

Der Eisenbahnfernverkehr stand still, während die S-Bahn langsam wieder in Gang kam – ein Zeichen der Hoffnung für die niedergeschlagene Bevölkerung. Ab Sonnabend, dem 5. Mai 1945, fuhr die S-Bahn mit Genehmigung der Besatzungsmacht zwischen Blankenese und Poppenbüttel. Um 18 Uhr war Betriebsruhe. Aber es war wenigstens ein Anfang! Auf den Fernstrecken dagegen fuhren nur vereinzelt Nachschubzüge der Army. Alle Eisenbahnfahrzeuge erhielten zunächst in großen weißen Lettern die Aufschrift »Allied Forces«. Überall im besetzten Gebiet zeigten die Besatzungstruppen ein sehr unterschiedliches Interesse an der Eisenbahn. Nur die Stadt- oder Kreiskommandanten durften Entscheidungen treffen. Einige erklärten sich für unzuständig, andere gaben widersprüchliche Anordnungen an die Eisenbahnstellen. Drohungen mit dem Kriegsgericht gegenüber Eisenbahnern waren an der Tagesordnung. Jeder Kommandant behandelte die zufällig in seinem Bezirk befindlichen Güter- oder Personenwagen als Eigentum. Kein Wagen durfte aus seinem Gebiet in das des Nachbarn fahren. Nur so ist es zu erklären, daß im Raum Kiel die Züge nur bis Plön, Eckernförde oder Neumünster verkehrten, während vom Hamburger Hauptbahnhof aus die Reise schon in Bergedorf oder Rahlstedt zu Ende war.

Durchgangsverkehr gab es zunächst nicht. Es fuhren lediglich Hilfszüge zur Instandsetzung von Strecken und Brücken, denen manchmal Wagen mit lebenswichtigen Gütern beigegeben wurden. Als rühmliche Ausnahme verkehrte ab 12. Mai 1945 ein Milchzug zwischen Elmshorn und Hamburg, der auf dem Rücktransport auch Menschen mitnahm. Dieser Zug fuhr am 20. Mai bis Brokstedt und ab 21. Mai bis Neumünster.

Der große Mangel an Kohlen bewirkte, daß erstmals

am 28. Mai die Besatzungsmacht in Hamburg einer Fahrt mit leeren Wagen zur Ruhr zustimmte. Weil der Nachbarkommandant es nicht wollte, durfte der Zug nicht über Kirchweyhe (Bremen) fahren, sondern nur über Uelzen. Leere Kohlenwagen nach Westdeutschland! Es war die erste Nachkriegsfahrt von Hamburg zum Süden und Westen. Meistens – nicht immer – duldete der RTO (Railroad-Transportation-Officer) auch Personentransporte in den leeren Kohlenwagen. Glückliche Menschen, die hier einen Stehplatz ergatterten. Tips von Eisenbahnern, wohin die Züge fuhren, wo sie aus betrieblichen Gründen umrangiert wurden oder die Lokomotive wechseln mußten, wurden hoch gehandelt.

Es klingt wie ein Wunder, daß es den Bahnangestellten in jener schweren Zeit gelang, aus Wracks und Trümmern wieder betriebsfähige Fahrzeuge und Schienenwege zu bauen. Es war wie das gespenstische schnelle Vorüberziehen der hundertjährigen Entwicklungsgeschichte der Eisenbahn. Die primitivsten Improvisationen eines Eisenbahnbetriebs bis zu den Erkenntnissen einer modernen Volkswirtschaft bestimmten das Bild jener Tage.

Erst im September 1945 fuhren vereinzelt Personenzüge über die näheren Bezirksgrenzen hinaus, die aber weder zur Beförderung der Reisewilligen ausreichten, noch an ein Reisegefährt erinnerten. Es gab keine Heizung, die Glühbirnen waren herausge-

1945 genehmigte die Besatzungsmacht die Mitfahrt von Personen in leeren Kohlenwagen, die ins Ruhrgebiet rollten

Gleisarbeiten: Es sollen wieder Züge fahren!

schraubt (obwohl sie im Haushalt gar nicht zu benutzen waren) und keine Fensterscheiben (sie waren entweder zu Bruch gegangen oder für den Heimbedarf gestohlen worden) – die Fensterriemen waren schon in den letzten Kriegsjahren zu Schuhsohlen verarbeitet worden. Aber es gab doch wenigstens fahrbare Untersätze; keine Macht der Welt hätte die Menschen davon abbringen können, die Fahrt nicht anzutreten. Ging es doch darum, die Familie endlich wiederzufinden oder in der Ferne eine neue Heimat zu suchen. Für viele ging es einfach ums Überleben. Ein Sack Kartoffeln auf dem Lande eingetauscht, das bedeutete zumindest für einige Zeit nicht hungern zu müssen. Aber nicht jeder Sack Kartoffeln erreichte sein Ziel. Wie in grauer Vorzeit lauerten an den Bahndämmen Wegelagerer mit Enterhaken. Wehe dem, der die Kartoffeln auf dem Trittbrett sicher glaubte – wenn der Haken saß, war alle Hamstermühe umsonst! Ebenso, wenn am Endbahnhof die Polizei wartete!

»Trittbrettfahrer« 1945 im Hamburger Hauptbahnhof

Die durchschnittliche Reisegeschwindigkeit betrug 1945/46 für Züge der Personenbeförderung 20 km/h, die Güterwagenumlaufzeit dauerte 11 bis 14 Tage (heute 6 Tage). Der extrem lange Güterwagenumlauf war durch die Abfuhr von Kohlen in »geschlossenen« Zügen (sogenannte Ganzzüge) verursacht. Die Alliierten hatten ja das Sagen, und ihre im Zweiten Weltkrieg bewährte Konvoi-Taktik wendeten sie nun auch hier an, um überfallartigen Plünderungen entgegenzuwirken. Unter Polizeischutz und bei Umfahrung der zerstörten Rangierbahnhöfe sollten diese lebenswichtigen Züge unbedingt ihr Ziel erreichen. Es gelang selten. Schon die Sammelzeiten dauerten bis zu 48 Stunden, der Transport selbst war jedesmal ein Abenteuer. Wenn nicht der Lokomotive der Dampf ausging, so verstand es die Bevölkerung, die Züge zum Halten zu zwingen. Da wurden Signale blockiert oder die Schienen mit Schmierfett eingerieben (damit sich die Triebräder durchdrehten). Ganz Mutige sprangen bei voller Fahrt auf die Züge. In einem einzigen Monat (Oktober 1946) wurden in Hamburg 12706 Tonnen Kohlen von den Güterwagen gestohlen; während einer Großaktion an fünf Tagen im Januar 1947 im Großraum Hamburg registrierte die Polizei 7463 Kohlendiebe. Aber auch das blieb ohne abschreckenden Erfolg.
Daß damals überhaupt ein Bahnbetrieb und speziell ein schwerer Güterzugbetrieb möglich war, ist noch

heute erstaunlich. Zwar gab es im Westen ein überreichliches Angebot von 17700 Dampflokomotiven, es waren aber nur 38 % (6700 Stück) einsatzfähig, die sich auf etwa 150 verschiedene Gattungen verteilten (zehn Jahre später gab es nur noch 49 Typen bei der DB). Wie zweifelhaft die »Einsatzfähigkeit« einer Lokomotive damals war, zeigt das Beispiel einer Güterzugfahrt von Essen nach Hamburg, auf der 17 mal die Lokomotive gewechselt werden mußte.

Was an Maschinen wirklich taugte, war für Züge der Besatzungsmacht und für internationale Züge vorgesehen. Internationale Züge? Ja, in der Tat, es gab sie. Einige führten sogar die Bezeichnung »L« = Luxuszug.

Im Herbst 1945 tagte erstmalig nach dem Krieg die Europäische Fahrplankonferenz in der Schweiz. Die Deutschen wurden dabei durch die Besatzungsmächte vertreten. Einer der wenigen Züge, die Deutsch-

»Kohlenklau«: Ein Kohlenzug, der vor dem Blocksignal Holstenstraße anhalten muß, wird geplündert

land passieren mußten, war der »Nord-Expreß« Paris–Kopenhagen (L11/L12), der ab April 1946 verkehrte und auch im Hamburger Hauptbahnhof einen fahrplanmäßigen Stop erhielt. Welche unbeschreiblichen Szenen spielten sich hier ab. Die Skandinavier, von Mitleid überwältigt, warfen Lebensmittel, Süßigkeiten und Zigaretten mit vollen Händen aus den Abteilfenstern. Die Vorräte aus dem Speisewagen wurden aufgekauft und an die Hungernden verteilt. Welch eine Tat! Aber nur wenige Male wiederholte sich dieses ergreifende Schauspiel. Da das Zugpaar sowieso für den innerdeutschen Verkehr nicht zugelassen war, machte es keine großen Schwierigkeiten, den Bahnsteig vor Ankunft des Zuges voll durch Seile abzusperren. Trotzdem versammelten sich Hunderte auf den Nachbarbahnsteigen und dem Südsteg. Sie begegneten einer Traumwelt. Sie sahen mitten in ihrem grauen Alltag einen Luxuszug und rätselten vielleicht über die Aufschrift an manchen Wagen »Compagnie« internationale des Wagon-Lits et des grands Express Europèens«.
Dann kam der Winter mit einem Kälterekord von minus 35°C. Die Binnenschiffahrt fiel total aus. An der Funktionsfähigkeit der Eisenbahn hing die Gesamtwirtschaft, das Leben der Bevölkerung. Je nach Transportlage schwankte in Hamburg die Zuteilung zwischen 800 und 1400 Kalorien täglich. Großräumige Umleitungen von Zügen mit lebenswichtigen Gütern bei Verstopfungen von Eisenbahnstrecken, Rückhaltsperren für bestimmte Güter, ja sogar Annahmesperren und Kontingentierungen der Güterwagenbestellungen waren an der Tagesordnung. Es waren große logistische Leistungen, die auch den letzten Hemmschuhleger und Weichenpfleger forderten. Trotzdem, die Hamburger Bevölkerung hungerte und fror in jenem Jahrhundertwinter zu Zehntausenden in Wohnlauben, Baracken, Bunkern, Ställen und Garagen. Durch Erfrieren fanden 85 Menschen den Tod.
Für viele war der Beckmannsche Notschrei in Wolfgang Borcherts »Draußen vor der Tür« bei der Uraufführung im Rundfunk wie aus der Seele gesprochen. So sahen sie ihr Schicksal – und sie wollten überleben. Der Tauschhandel prägte eine neue Währung. Was nicht in der Stadt zu haben war, wurde auf dem Lande eingetauscht.
Die Eisenbahn fuhr die Menschen hinaus, auf Trittbrettern, auf den Wagendächern, auf den Wagenpuffern. Die Eisenbahner mußten tatenlos zusehen. Es blieb nur übrig, über die Lautsprecher vor den Gefahren zu warnen und auf die Rechtswidrigkeit hinzuweisen: »Die Mitfahrt auf den Wagendächern, Trittbrettern und Puffern ist lebensgefährlich und daher verboten«, so tönte es über die Bahnsteige – wie heute die Aufforderung zum Einsteigen verbunden ist mit den besten Reisewünschen. Es ging erstaunlich gut. Selten passierte ein Unfall, bis eines Abends der Tod hart zuschlug: In Sekundenschnelle riß am 23. Juli 1947 auf der Süderelbbrücke ein entgegenkommender Güterzug mit einer offenen Seitentür 23 Menschen von ihren Trittbrettern, 11 von ihnen wurden tödlich verletzt. Die Not hat ihren Tiefpunkt erreicht.
»Deutschland ist auf dem Punkt angelangt, an dem es infolge allgemeiner Erschöpfung für sich allein nicht mehr die Kraft und die Initiative zu einem neuen Start aufbringen kann«, ruft am 18. August 1947 Bürgermeister Max Brauer der Bürgerschaft und damit der Welt draußen zu. Sein Appell hat einigen Erfolg. Immerhin werden Lebensmittellieferungen regelmäßiger. Der heiße Sommer läßt die Menschen freundlicher in die Zukunft schauen. Sie alle haben plötzlich das Gefühl: »Wir sind noch einmal davongekommen.« Es fahren wieder D-Züge, einige sogar mit Speisewagen. Glücklich, wer für einen solchen Zug eine Zulassungskarte ergattern kann. Aber das Prinzip funktioniert nicht recht, weil sogenannte Übergangsreisende von dieser Reglementierung ausgenommen sind. Der »Stehplatz auf einem Bein« wird zur Norm. Die Deutsche Reichsbahn schwimmt in Papiergeld.

Als am 20. Juni 1948 die Währungsreform in Kraft tritt, ist die Eisenbahn plötzlich nicht mehr gefragt. Der Schwarze Markt ist über Nacht gestorben. Das Reisen gegen harte Währung wird zum verzichtbaren Luxus gegenüber den Konsumgütern, die wieder allerorts angeboten werden. Die Bahn taktierte betriebswirtschaftlich richtig, indem sie den Fahrpreis um 25% senkte (von 8 auf 6 Pf/km 3. Klasse). Ihre Reichsmarkguthaben sind am Stichtag der Währungsumstellung erloschen, bei ihr hat keine Umstellung stattgefunden, die selbst Sparer im Verhältnis 100 zu 6 beglückte.

September 1949: Der erste Interzonenzug von Berlin nach Hamburg auf der Fahrt durch den Sachsenwald

Dieses gewaltige, gebeutelte und am Ende aller Leistungsreserven angelangte Unternehmen wagte den neuen Anfang mit einem Startkapital von 200 Millionen DM, am ersten Tag schon unerbittlich vom Konkurrenzkampf geplagt. Zum Wundenlecken gab es keine Zeit. Da unterboten plötzlich auftauchende Lastwagenbesitzer den amtlich festgesetzten Gütertarif, Omnibusse waren auf einmal da, die billiger fuhren (der »Lex Rammelmann« beschäftigte lange Zeit die Gerichte, weil dieser Unternehmer auf der Strecke Hamburg–Bremen einen zusätzlichen Linienverkehr per Bus eingerichtet hatte, der unter dem Bahntarif lag). Reisende mußten selbst noch vor dem Fahrkartenschalter damit rechnen, daß sie nach Nennung ihres Fahrtziels zur Mitfahrt im Auto zum halben Bahntarif animiert wurden. Mitfahrerzentralen (MFZ) machten sich allerorten auf. Unter Berücksichtigung dieser Fakten erscheint die moderne Eisenbahn der Gegenwart wie ein Phönix aus der Asche. Sie resignierte nicht, sie konterte. Schon im Herbst 1948 setzte sie wieder FD-Züge für die 2. und 3. Klasse ein (heute 1. und 2. Klasse), unter anderem auf den Strecken Hamburg–München und Hamburg –Frankfurt. Die Reisegeschwindigkeit (nicht Höchstgeschwindigkeit) betrug bereits 60 km/h. Im Jahre 1949 wurde zwar – in Verbindung mit der Verkündung des Grundgesetzes – aus der Deutschen Reichsbahn West die »Deutsche Bundesbahn«, das Jahr selbst aber bedeutete wirtschaftlich einen Tiefpunkt für die Bahn. Der Reiseverkehr steckte in der Krise. Das Angebot überflügelte bei weitem die geringe Nachfrage. Im Sommer 1949 mußten mehrere innerdeutsche Fernzüge ersatzlos gestrichen werden.

Für Hamburg aber gab es in jenem Jahr doch kleine Lichtblicke. Die im Hamburger Hauptbahnhof schon während des Krieges begonnenen Neubauten der Stellwerke Hs (Südrichtung) und Hn (Nordrichtung), Vierreihenstellwerke vom Typ VES 1932, waren fertig und konnten am 24. April 1949 die alten Anlagen der Form Siemens/Jüdel 1901 ersetzen. Und noch etwas geschah: Nach endlos scheinender Zeit begann am 10. September 1949 der Interzonenverkehr zwischen Hamburg und Berlin mit einem Schnelltriebwagen der Serie VT 04 aus der Vorkriegszeit. Mit Tränen in den Augen empfingen viele Hamburger diesen Zug. Sollte er den Neubeginn für eine neue, zonengrenzfreie Zeit ankündigen? Nun, wir wissen heute, daß es nicht geschah. Aber es war immerhin ein Lichtblick, im Gegensatz zur Eisenbahnverbindung Hamburg–Stralsund über Lübeck–Herrnburg, die erst am 20. März 1960 wieder zustande kam, also erst 15 lange Jahre nach Kriegsende.

Vor dem Hauptbahnhof an der Altmannbrücke – ein sommerlicher Werktag im Jahr 1950

Das Jahr 1950 zeigte sich wieder recht bundesbahnfreundlich. Im Leistungsangebot für den Personenverkehr waren nicht nur die ausgefallenen Züge des Vorjahres wieder da; die D-Züge erhielten die beachtliche Erlaubnis, endlich wieder mit einer Höchstgeschwindigkeit von 100 km/h zu fahren. Für den Bezirksverkehr wurden im Bundesgebiet insgesamt 200 neue Eilzüge eingesetzt, die Konjunktur begann, die Menschen strömten aus dem Umland in die Städte zur Arbeit.

Als besondere Attraktion nahm der Schienenomnibus Einzug in das Repertoire der Eisenbahn, ein kostensparendes Gefährt für den Nah- und Nebenbahnverkehr. Die Bezirke Hamburg und Augsburg waren dazu auserwählt, dieses neue Vehikel im Großversuch zu testen. Die Pressevorstellung fand im Hamburger Hauptbahnhof statt, der zu dieser Zeit immer noch ausgeglüht und stark verrostet ein Bild des Jammers bot. Die Hansestadt fühlte sich im gutkaufmännischen Geist in der Pflicht und gab der Bundesbahndirektion Hamburg einen Millionenkredit zum Wiederaufbau ihres Hauptbahnhofes, des Dammtorbahnhofes, der Güterabfertigung Hamburg Hgbf (damals noch Hamburg Han genannt) und des

Sammelgutschuppens Lippeltstraße. Am 1. März 1952 feierte der Hauptbahnhof das Richtfest, der Wiederaufbau fand seine Krönung.
Im Jahre 1951 verabschiedete der Deutsche Bundestag drei Gesetze, die der Deutschen Bundesbahn ein solides Fundament in der neuen Verkehrslandschaft geben sollten. Das bekannteste ist wohl das Bundesbahngesetz, das dem Unternehmen mehr Spielraum als einem reinen Staatsbahnbetrieb gab, allerdings unter Wahrung gemeinwirtschaftlicher Gesichtspunkte. Eine freie wirtschaftliche Entfaltung war mithin gesetzlich nicht möglich, während sich überall die Wettbewerbsverzerrungen bis ins Unerträgliche steigerten. Die DB hatte erstrangig an die Beseitigung der Kriegsschäden zu denken, denn hier ging es um die Sicherheit. Rückblickend bleibt es ein Rätsel, wie in jener Zeit des Wiederaufbaues ein tüchtiges Management die Vorwärtsstrategie durchsetzen konnte. Folgerichtig bot die DB 1951 ein vortreffliches innerdeutsches F-Zugnetz für Geschäftsreisende an. (Gleichzeitig wurden die letzten Luxuszüge – L-Züge –, die sowieso nicht mehr einem internationalen Komfort entsprachen, ausgesetzt.) Alle deutschen Verkehrszentren waren erstmalig mit einem Zugpaar am Vormittag und am Abend verbunden, mit günstigen Unterwegsanschlüssen. Die Reisegeschwindigkeit lag zwischen 70 und 80 km/h. Alle Züge führten nur die 2. Wagenklasse (heute 1. Klasse) und bekamen klingende Namen, traten also aus der Anonymität heraus. Die Zuggarnituren waren entweder Schnelltriebwagen, von denen 10 aus der Vorkriegszeit stammten und wieder aufgearbeitet einen ansprechenden Eindruck machten, oder das Angebot bestand aus lokbespannten Zügen mit »blauen« Wagen neuester Bauart. Das Angebot eines Schreibabteils galt als der letzte Schrei. Die Schaffung des F-Zugnetzes war für die DB nicht nur ein finanzieller Erfolg, sie hatte mit diesem Schritt ihr ramponiertes Nachkriegsimage stark aufpoliert.
»Man« wagte wieder zu sagen: »Ich nehme den ›Enzian‹«, oder »am schnellsten geht's mit dem ›Senator‹.« Gleichzeitig ist 1951 der internationale Schienenverkehr wesentlich verbessert worden. Die Zollkontrollen finden seit jenem Zeitpunkt in den Zügen selbst statt und nicht mehr in zeitaufwendiger Art an der Grenze. Der Nord-Expreß konnte zum Beispiel dadurch um volle vier Stunden beschleunigt werden.

1950: Empfang von Kriegsheimkehrern aus Rußland in der Wandelhalle des Hauptbahnhofs

Der Vorkriegstriebwagen vom Typ VT 06 wird 1951 Element des neuen F-Zug-Systems

1952: Abfahrt eines Schüler-Ferienzuges nach Füssen/Allgäu

Ab 1952 beglückte der Alpen-Expreß viele Hamburger, die von nun an diesen Zug für ihre Urlaubsreise nach Bayern, Österreich und Italien wählten. Von diesem Jahr ab begann die allmähliche weitere Beschleunigung der D-Züge. Der Wildwuchs an Kurswagen wurde auf das erforderliche Maß heruntergedrückt. Außerdem tauchten damals die ersten 200 Wagen eines Neubauprogrammes für den Nahverkehrsbereich mit der Gattungsbezeichnung BC4ymg und C4mg auf. Sie hatten bei einer Länge von 26,4 Metern die Türen in der Mitte des Wagens. Die Wagen entsprachen dem Geschmack des damaligen Reisekomforts, so daß sie ein Jahr später auch in den sogenannten Leichtschnellzügen (LS-Züge) eingesetzt wurden. LS-Züge waren ein neues Angebot, das sich durch eine möglichst hohe Reisegeschwindigkeit unter Wegfall jeglicher Kurswagen auszeichnete. Sie sollten parallel zum F-Zugnetz auch den kleineren Städten und Reisenden beider Klassen

Letzte Reparatur von Kriegsschäden am Hauptbahnhof

möglichst schnelle Direktverbindungen andienen. Die F-Züge selber haben sich so gut bewährt, daß seit 1953 der von Hamburg startende F-Zug »Helvetia« erstmalig über die Landesgrenzen hinaus bis Zürich verlängert wurde.

Obwohl die Reisebüros schon seit 1949 mit turnusmäßigen Sonderzügen für die Fahrt auf der Schiene warben, gelang ihnen doch erst 1953 der große Durchbruch. Auf Initiative der Touropa konnte in jenem Jahr der erste Liegewagen-Sonderzug vorgestellt werden. Der Erfolg war überwältigend. Hamburg war Start- und Zielpunkt dieser Fahrten.

Auf der Suche nach neuen attraktiven Formen und Angeboten für den gehobenen Anspruch erprobte die DB ab 1954 den Tages-Gliedertriebzug »Senator« zwischen Hamburg und Frankfurt als F-Zug, während die Deutsche Schlaf- und Speisewagengesellschaft (DSG) einen Nacht-Gliederzug einsetzte, der als »Komet« zwischen Hamburg und Basel, später bis Zürich verkehrte.
1954 wurden die Eilzüge zuschlagfrei. Am 3. Juni 1956 haben fast alle Bahnen Europas das Zweiklassensystem in ihren Zügen eingeführt. Seither gibt es nur noch die 1. und die 2. Klasse (ex 2. und 3. Klasse).
Der Weg zur modernen Bundesbahn der Gegenwart als integrales Element eines europäischen Eisenbahnsystems zeichnete sich ab.

Der Nacht-Gliederzug »Komet« in der Wagenhalle des Bahnbetriebswagenwerkes in Langenfelde

TEE – mehr als ein Symbol

Kaum war am 25. März 1957 durch die Verträge von Rom die Europäische Wirtschaftsgemeinschaft gegründet worden, trafen nur wenige Wochen später, am 2. Juni 1957, in einer eindrucksvollen Sternfahrt 13 völlig neuartige Eisenbahnzüge aus sechs europäischen Ländern im Hauptbahnhof Luxemburg ein. Es war die für die überraschte Öffentlichkeit sichtbar gewordene Geburtsstunde einer neuen Eisenbahn-Epoche, des TRANS-EUROP-EXPRESS (TEE). Der damals euphorisch gefeierte Gedanke eines (fast) grenzenlosen Europas erhielt durch diese Tat realistische Schubkraft.
Von der Symbolkraft dieses Unternehmens einmal abgesehen, war zu jener Zeit der Reiseverkehr ganz allgemein und speziell der Geschäftsverkehr zwischen den Großstädten und Industriezentren Europas in bisher nie gekannter Weise angestiegen. Neben der Eisenbahn waren aber auch das Flugzeug und das Auto Nutznießer dieses Reisebooms. Die Zulassungszahlen für Autos explodierten förmlich. Allein in Hamburg gab es 1956 dreimal soviel Autos wie 1949. Die Zahl schnellte von 53000 (1949) auf 164000 (1956) empor (im Jahr 1980 allerdings zählte man hier bereits 618000 zugelassene Autos).
Nicht viel anders sah es auch damals im Flugverkehr aus. Die Fluggesellschaften umwarben die Bahnreisenden, um sie namentlich auf den Strecken zwischen 300 und 500 km und – soweit es sich um Schlafwagenstrecken handelte – auch um 1000 km auf die Vorteile des Fliegens zu verweisen. Ein Wettlauf zwischen Bahn und Flugzeug setzte ein. In einem Zeitraum von vier Jahren flogen auf innerdeutschen Strecken mehr als doppelt soviel Passagiere (1954: 776000; 1958: 1567000 Personen). Zum Vergleich: 1960 waren es schon 16 Millionen, 1980 flogen bereits 36 Millionen im innerdeutschen Netz.
Angesichts des aufziehenden Gewitters haben die europäischen Eisenbahnen schon frühzeitig einen »Markenartikel« entwickeln lassen, Spezialzüge mit

hervorragenden Gütemerkmalen, die das Prestige des Benutzers heben und das eigentliche Bahn-Image erheblich verbessern sollten. Noch nie in der damals 120 Jahre alten Eisenbahngeschichte waren sich die europäischen Bahnverwaltungen so schnell einig geworden. Acht nationale Eisenbahnen erarbeiteten ein beachtliches Grundsatzprogramm:

- Schaffung von schnellen Tagesverbindungen für Geschäftsreisende, ohne Rücksicht auf Landesgrenzen, wobei nur ein geringer Teil der »Ausbleibezeit« für die Zugfahrt vorzusehen ist;
- Züge mit längerem Lauf, wie zum Beispiel zwischen Hamburg und Zürich (1000 km), sollten in geschäftsüblicher Zeit unterwegs Verdichtungsräume bedienen, wie Hannover und Frankfurt;
- die Züge sollten vom äußeren Erscheinungsbild bis zum eigentlichen Reisekomfort alle erdenklichen Annehmlichkeiten eines Top-Angebotes aufweisen, wie etwa Klimaanlage, getönte Scheiben, geräumige Zugabteile, gefällige Speisewagen (oder alternativ Proviant-Service am Sitzplatz), Zugtelefon, Schreibabteil.

Rechtzeitig zum vereinbarten Termin begann 1957 der europäische TEE-Verkehr, allesamt zunächst nur mit Dieselzügen entweder der schweizerisch-holländischen Gemeinschaftsproduktion, der französischen Eisenbahnen oder der Deutschen Bundesbahn. Die TEE-Züge der DB waren siebenteilige Dieselzüge, die sich in Bordeauxrot und Beige zeigten und an den Kopfenden das TEE-Zeichen trugen.
Die ersten TEE-Verbindungen via Bundesrepublik waren der TEE »Helvetia« zwischen Hamburg und Zürich, der »Rhein-Main« zwischen Frankfurt und Amsterdam, der »Saphir« zwischen Frankfurt und Ostende und der »Paris-Ruhr« zwischen Dortmund und Paris. Das TEE-Netz verband die wichtigsten Zentren der Bundesrepublik, Frankreichs, Luxemburgs, Belgiens, der Schweiz und Italiens. Angesichts des zunehmenden Wettbewerbs mit Flugzeug und Auto begann der ehrgeizige, aber erfolgreiche Kampf gegen die Uhr. Die Kontrollaufenthalte an den Grenzen schrumpften auf nur wenige Minuten, nur die wichtigsten Bahnhöfe wurden TEE-Haltestellen, die Spitzengeschwindigkeiten stiegen (bei der DB auf 160 km/h), so daß die neuen TEE-Züge schnell zu den Spitzenreitern des Eisenbahnverkehrs zählten.

TEE »Helvetia-Express« bei der Ausfahrt in Altona

Zu Beginn der TEE-Ära 1957 gab es nur 13 Züge, die 70 Städten den begehrten TEE-Zughalt boten. Zwanzig Jahre später fuhren fast 100 TEE-Züge im sogenannten TEE-Europa, Spanien, Österreich und Dänemark eingeschlossen, darunter auch der »Merkur« zwischen Stuttgart und Kopenhagen via Hamburg.
Erst mit der Einführung des doppelklassigen IC-Systems im Jahre 1979 wurden auch die TEE-Züge neu geordnet. Von da ab gab es nur noch sieben innerdeutsche und vier internationale TEE-Züge über DB-Gebiet. Es waren (1979) der »Rheingold«, »Rembrandt«, »Erasmus« und »Mediolanum«. Hamburg wies im Winterfahrplan 1980/81 nur noch einen TEE-Zug aus, den TEE 81/80 »Diamant«, der zwischen Altona und München mit Anschluß an den

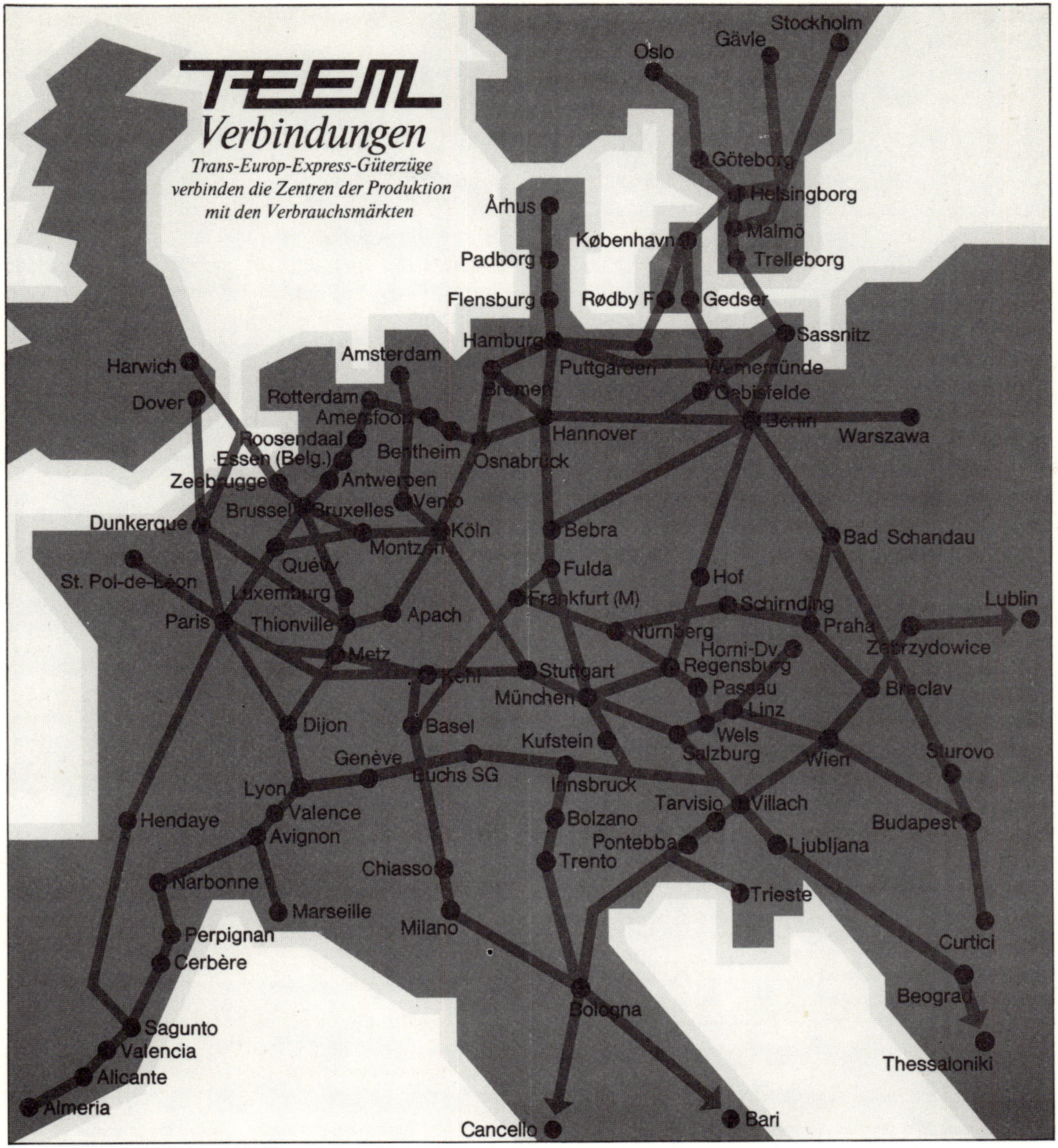
TEEM
Verbindungen
Trans-Europ-Express-Güterzüge
verbinden die Zentren der Produktion
mit den Verbrauchsmärkten
Stockholm
Gävle
Oslo
Göteborg
Helsingborg
Århus
Malmö
København
Trelleborg
Padborg
Flensburg
Rødby F
Gedser
Sassnitz
Hamburg
Amsterdam
Puttgarden
Warnemünde
Harwich
Bremen
Gebisfelde
Dover
Rotterdam
Amersfoort
Berlin
Warszawa
Hannover
Roosendaal
Essen (Belg.)
Bentheim
Osnabrück
Zeebrugge
Antwerpen
Venlo
Brussel
Bruxelles
Dunkerque
Köln
Bebra
Bad Schandau
Montzen
Quévy
Fulda
St. Pol-de-Léon
Hof
Luxembourg
Frankfurt (M)
Schirnding
Lublin
Apach
Paris
Thionville
Nürnberg
Praha
Zebrzydowice
Horni-Dv.
Metz
Regensburg
Stuttgart
Kehl
Passau
Břeclav
München
Linz
Dijon
Basel
Wels
Kufstein
Salzburg
Wien
Štúrovo
Genève
Buchs SG
Innsbruck
Lyon
Tarvisio
Villach
Valence
Hendaye
Bolzano
Budapest
Avignon
Pontebba
Ljubljana
Trento
Chiasso
Narbonne
Trieste
Marseille
Milano
Perpignan
Curtici
Cerbère
Beograd
Bologna
Sagunto
Valencia
Thessaloniki
Alicante
Almeria
Cancello
Bari

»Mediolanum« verkehrt, allerdings an der Tabellenspitze der schnellsten DB-Züge, bei einer Spitzengeschwindigkeit von 200 km/h und Reisegeschwindigkeit von 134 km/h zwischen Hamburg und Hannover!
Ähnlich wie im Reiseverkehr war auch im Güterverkehr ein gemeinsames Handeln der europäischen Eisenbahnen zwingend geworden, sollte nicht dem Lastkraftwagen der Markt auch im grenzüberschreitenden Verkehr überlassen werden. Auf der Europäischen Fahrplankonferenz von 1959 in Sofia war die Bildung neuer, schneller und möglichst durchgehender Güterzüge beschlossen worden. Ab 1961 gibt es auch den TEE für Frachten unter der Bezeichnung TRANS - EUROP-EXPRESS-MARCHANDISES« (TEEM). Die TEEM fahren allgemein mit 100 km/h und sind an Wirtschaftlichkeit und Schnelligkeit den anderen Verkehrsträgern überlegen. Die Verlader honorieren den gebotenen Service entsprechend. Im Winterfahrplan 1980/81 gab es vom Rangierbahnhof Maschen aus TEEM-Verbindungen nach Frankreich, Österreich, in die Schweiz, nach Italien und nach Schweden.

Der neue Weg nach Norden

Der Weg nach Norden, die Vogelfluglinie, nach dem Kriege gebaut, reicht mit den ersten Planungen bis ins 19. Jahrhundert zurück. Ein wesentlicher Bestandteil dieses Weges ist bereits 1937 durch das Königreich Dänemark geschaffen worden, als die rund 3,2 km lange Storstrømbrücke für Schiene und Straße freigegeben wurde. Sie ist das Bindeglied zwischen der Insel Falster und der dänischen Hauptinsel Seeland, auf der auch Kopenhagen liegt. Weitere Arbeiten gab es während des Krieges nicht. Nach 1945 kam diesem Plan eine große und unaufschiebbare Bedeutung zu, denn der verlorene Krieg bescherte uns auf einem gewaltigen Scherbenhaufen auch die bis heute andauernde Ost-West-Spaltung. Die beiden einzigen deutsch-skandinavischen Fährverbindungen lagen plötzlich außerhalb der westlichen Hemisphäre. Es handelt sich um die Trajektanstalten Warnemünde–Gedser und Saßnitz–Trelleborg. Verblieben war die Eisenbahn- und Straßenverbindung Dänemarks und damit auch der übrigen skandinavischen Länder mit Westeuropa über Jütland mit den

Das Eisenbahnfährschiff »Friedrich Franz IV« im Jahr 1903. Es stellte die Verbindung Warnemünde–Gedser her

Der Bahnhof Flensburg im Jahr 1953, seinerzeit der wichtigste Grenzbahnhof für den Skandinavienverkehr

Koordinaten Flensburg–Padborg–Fredericia–Odense in Süd-Nord-Richtung und der Fähre über den Großen Belt zwischen Nyborg und Korsør/Seeland in West-Ost-Richtung. Und eben dieser Verkehr über den Großen Belt wurde plötzlich zum neuralgischen Punkt des gesamten internationalen Verkehrs mit Skandinavien. Nach langen Jahren der Entbehrung und Isolation trieb es die Menschen, Zugvögeln gleich, zur Wanderung. Die Skandinavier suchten die südliche Sonne, die Festlandseuropäer zog die herbe Schönheit und Weite der Nordländer an. Dieser Wandertrieb per Bahn vermischte sich mit der einsetzenden Motorisierungswelle, und beide Bewegungen behinderten den Güterfluß der einsetzenden Konjunktur. Um ein Verhältnis zu dem Gesagten zu erhalten, seien nur einige Zahlen genannt:

Im Betriebsjahr April 1950 – März 1951 wurden über den Großen Belt transportiert:
3800000 Personen 252907 Autos
639670 Güterwagen(achsen)
Via Warnemünde–Gedser waren es im Jahre 1935:
135000 Personen 3078 Autos
39420 Güterwagen(achsen)

Selbst bei einem vermehrten Einsatz von Fährschiffen wäre der Engpaß unüberwindlich geblieben, weil die Hafenanlagen einfach nicht groß genug waren. Natürlich dachte man in dieser Notlage wieder an den alten Traum der Vogelfluglinie, den Sprung über die dänische Inselwelt, von Fehmarn über Lolland, Falster nach Seeland, wobei die cimbrische Halbinsel in der Tat »links« liegengelassen werden sollte. Aber

bis zur Nutzung einer solchen Anlage – sollte sie je gebaut werden – brauchte man Jahre. Dringend erforderlich war eine »Sofortmaßnahme«. Auf dänischer Seite bot sich das seinerzeit nicht voll ausgenutzte Aufnahmevolumen des Fährbahnhofes Gedser an. Und auf deutscher Seite? Nun muß man bedenken, daß zu jener Zeit die Ostsee noch stark vermint war und nur bestimmte Routen für die Schiffahrt frei waren. Nicht zuletzt auch aus diesem Grunde sollte der Seeweg kurz sein, so daß Lübeck und Kiel zwar im Gespräch waren, aber gegenüber dem damals ungenutzten Marinestützpunkt im nördlichen Großenbrode ins Hintertreffen gerieten.
Die Zeit drängte; der zunehmende Verkehr ließ nicht zu, unnütze Verzögerungen hinzunehmen. Ein provisorisches Fährbett wurde in Großenbrode Kai hergerichtet. Ein altes Dampf-Fährschiff, die »Danmark«, stand bereit, als am 15. Juli 1951 in der ehemaligen Fallschirmpackhalle in Großenbrode alle guten Wünsche für diese neue internationale Verbindung ausgesprochen wurden. Drei Stunden dauerte die Dampferfahrt, und mit nur einer Doppelfahrt täglich wurden Autos und Güterwagen trajektiert. Reisezugwagen blieben vorerst außen vor. Die Voraussetzungen waren dafür noch nicht vorhanden. Eisenbahnreisende hatten sowohl in Großenbrode wie auch in Gedser umzusteigen. Und trotzdem – bis Ende März 1952 nutzten den neuen Weg:
36317 Personen 8388 Autos
2406 Güterwagen
Daß die betagte »Danmark« allein keine ausreichende Entlastung für den Großen-Belt-Verkehr sein konnte, war von vornherein klar. Die Deutsche Bundesbahn gab schon bei Projektbeginn den Auftrag zum Bau eines Fährschiffes, und auch auf anderen Ebenen sollte die Infrastruktur verbessert werden. Der Hafen von Großenbrode Kai erhielt ein zweites Fährbett, die Bahnstrecke nach Großenbrode Kai wurde begradigt, verbessert und technisch gesichert.

Die drei Fährschiffe (von links) »Danmark«, »Kong Frederik IX.« und »Deutschland« im Jahr 1954 in Großenbrode Kai

Der »Kopenhagen-Express« im Jahr 1954 in Kopenhagen-Hbf vor der Abfahrt nach Hamburg

Und am 9. Mai 1953 war es dann soweit! Zum Beginn des Sommerfahrplans begann das 3863 BRT große Fährschiff »Deutschland« seinen Pendeldienst. Gleichzeitig wurde damit die erste durchgehende Eisenbahnverbindung Hamburg–Kopenhagen eröffnet. Als dann ein Jahr später von dänischer Seite noch das Fährschiff »Kong Frederik IX.« zum Einsatz kam, war der Engpaß für die gerade in jener Periode überschwappende Reisewelle beseitigt. (Skandinavien hob seinerzeit den Visumzwang auf.) Aber der Verkehr stieg weiter, und nun war die Deutsche Bundesbahn wieder an der Reihe, ein neues Fährschiff zu stellen. Es war die 5583 BRT große »Theodor Heuss«, die Ende 1957 mit Sirenengeheul ihre erste Fahrt antrat. War jetzt das Verkehrsbedürfnis gestillt? Nein, keineswegs! Trotz des Angebotes von 10 Doppelfahrten zwischen Großenbrode Kai und Gedser hatte der Güterverkehr das Nachsehen. Mehr und mehr Güterzüge mußten über Jütland zur Großen-Belt-Fähre umgeleitet werden. Das kostete Zeit, Geld und brachte der Wirtschaft Verdruß. Für die Eisenbahn stand das Prestige auf dem Spiel. Dieser gordische Knoten erforderte eine Radikallösung: Die Vogelfluglinie sollte gebaut werden!

Am 13. Juni 1958 trafen Dänemark und die Bundesrepublik Deutschland auf Regierungsebene folgende Vereinbarung:
»Die beiden unterzeichneten Minister sind der Auffassung, daß der Ausbau der Vogelfluglinie von der größten Bedeutung ist und daß es nur ein gemeinschaftliches Anliegen der Bundesrepublik Deutschland und Dänemarks sein kann, eine Verbindung von einer solchen Kapazität herzustellen, wie sie der europäische Verkehr erfordert.«
Die unmittelbar danach geführten Finanzierungsgespräche verliefen positiv, und so begann das Abenteuer der Technik – der Bau. Die Vogelfluglinie war vorgezeichnet: die Verbindung Hamburg–Kopenhagen über Lübeck–Fehmarn–Lolland (Storstrømbrücke). Für den gesamten Komplex der Neu-, Erweiterungs- und Ausbauten waren vier Jahre und zehn Monate gegeben. Der Fahrplanwechsel diktierte den Termin. Wenig Zeit für ein solches Werk, das allein auf deutscher Seite folgende Elemente einbezog: Ausbau der Strecke Lübeck–Großenbrode, Neubau der Strecke Großenbrode–Puttgarden, Fährbahnhof Puttgarden, Fährhafen Puttgarden und natürlich umfangreiche Straßenarbeiten. Symbol für diese Leistungen mag aber die 963 m lange Brücke über den Fehmarnsund sein.
Am 14. Mai 1963 wurde die Vogelfluglinie in Anwesenheit Königs Frederik IX. von Dänemark und des Bundespräsidenten Dr. Heinrich Lübke eröffnet.
Die Argumente, die für dieses Projekt sprachen, seien nachfolgend noch einmal genannt:

- Im status quo ante verlor die Eisenbahn durch Verschlechterung ihrer Leistung das Vertrauen der verladenden Wirtschaft;
- es mußte eine Kapazitätserweiterung geschaffen werden, die zukunftsweisend sein konnte;
- die Vogelfluglinie ist 160 km kürzer als die Jütlandtrasse;
- gegenüber der Trajektstrecke Großenbrode Kai –Gedser verkürzt sich der Seeweg von 69 auf 19 km und damit die Reisezeit um knapp 2 Stunden;

- der kürzere Seeweg läßt einen rationelleren Einsatz der Fährschiffe zu.

Mit Beginn des Sommerfahrplans am 26. Mai 1963 fuhren alle internationalen Züge von und nach Skandinavien nicht mehr über Jütland, sondern über die Vogelfluglinie. Das alte Traditionsschiff »Danmark« war für diese neue Linie nicht mehr tauglich; mit den drei schnelleren Schiffen »Deutschland«, »Kong Frederik IX.« und »Theodor Heuss« ging die Vogelfluglinie in ihre Bewährungsphase. Und wieder gab es Verkehrssteigerungen, so daß schon ein Jahr später (1961) zusätzlich die »Knudshoved« zum Einsatz kam. Im Sommer 1965 mußte der Fahrplan abermals verdichtet werden. Jedes Schiff machte täglich vier Doppelfahrten, d.h. die Vogelfluglinie war mit 28 Doppelfahrten täglich zum Höchstleistungsbetrieb avanciert. Kein Wunder, daß die Fahrzeuge immer wieder erneuert werden mußten. Im Jahr 1968 kam eine neue Doppelstockfähre »Danmark« zum Einsatz, und seit 1972 gibt es eine neue »Deutschland«. (Das alte Schiff gleichen Namens, der Inbegriff der ersten Nachkriegsreisen ins Ausland, wurde nach Griechenland verkauft. Als »Renetta« fuhr sie fünf Jahre in der griechischen Inselwelt, dann wechselten Reeder und Namen, bis sie schließlich als »Nisos Rodos« im Juni 1978 durch eine Explosion im Maschinenraum schwer beschädigt und danach abgewrackt wurde.)

Seit 1963 verbindet die Fehmarnsundbrücke die Insel Fehmarn mit dem Festland

Jahr	Passagiere	Pkw Pkw-Anhänger	Lkw Sattelschlepper	Lkw- Anhänger	Omnibus
bis 31. 5. 1963 Großenbrode Kai – Gedser					
1951	29 500	6 200	140		20
1952	134 000	22 400	620	340	730
1953	338 300	36 970	1 440	870	1 300
1954	703 600	61 750	2 540	1 490	1 870
1955	919 600	79 070	2 290	1 390	2 440
1956	961 610	92 170	2 700	1 790	2 280
1957	1 012 140	93 120	2 680	1 520	2 130
1958	1 219 990	129 310	3 070	1 960	2 510
1959	1 263 240	145 770	3 900	2 370	2 910
1960	1 331 520	154 580	4 720	2 770	2 790
1961	1 452 340	170 650	6 050	3 610	2 840
1962	1 447 300	165 400	7 010	3 860	2 850
seit 14. 5. 1963 Puttgarden – Rødby Faerge (Vogelfluglinie)					
1963	2 137 090	259 350	11 910	7 320	3 430
1964	3 171 180	306 900	14 790	9 660	3 470
1965	2 167 040	330 860	17 240	11 910	3 800
1966	2 190 060	344 670	18 790	12 660	4 280
1967	2 171 590	359 420	20 890	13 060	4 760
1968	2 198 180	384 400	21 590	12 230	4 650
1969	2 449 621	415 613	25 028	12 343	5 771
1970	2 629 778	440 472	26 833	12 065	6 213
1971	2 674 184	456 247	29 139	12 298	7 249
1972	2 838 559	479 933	35 772	14 855	7 510
1973	2 968 964	488 992	45 240	18 902	8 396
1974	2 997 833	454 652	53 454	21 577	10 409
1975	3 460 216	515 782	60 168	22 900	11 858
1976	3 866 986	567 162	74 559	29 235	12 827
1977	4 263 423	636 804	82 639	30 636	14 136
1978	4 205 522	650 609	83 459	29 835	14 438
1979	4 245 949	603 267	94 448	30 802	15 619
1980	4 667 386	636 076	97 980	29 118	16 380

Die vorstehenden Zahlen sollten nicht darüber hinwegtäuschen, daß die Vogelfluglinie und mit ihr die Eisenbahn gegenwärtig einem Wettbewerb ohne Vorbild ausgesetzt sind. Andere Fährverbindungen von und nach Skandinavien sind so zahlreich geworden, daß selbst ein Fachmann hier kaum noch durchblickt. Es wird intensiver Marketingüberlegungen bedürfen, die führende Rolle der Vogelfluglinie zu behaupten.

Elektrisch geht's besser

Die große Umwälzung im Erscheinungsbild der Eisenbahn von heute brachte die Elektrifizierung der Fernstrecken. Am 6. April 1965 erreichte via Hannover der erste elektrisch bespannte Zug Hamburg, vier Monate früher war schon Bremen vom Süden her angeschlossen worden. Mit der nachfolgenden Überspannung der Strecken Harburg–Stade und Harburg–Bremen am 24. September 1968 hat dieses große Bauvorhaben der DB ein vorläufiges Ende gefunden. Es war ein hochbedeutendes Ereignis für den gesamteuropäischen Verkehr. Abgesehen von den vielfältigen technischen Überlegenheiten einer elektrischen Traktion und der damit verbundenen Wirtschaftlichkeit, vermittelt diese Betriebsart dem großströmigen Eisenbahn-Fernverkehr zwischen den nordischen Ländern und Südeuropa deutlich erkennbar sowohl im Reise- wie im Güterverkehr frische Impulse. Der Intercityverkehr von heute wäre ohne Elektrifizierung nicht denkbar. Die Marktbehauptung der deutschen Nordseehäfen wäre schwieriger

Dampfloks auf der Drehscheibe im Bahnbetriebswerk Hamburg-Altona (1962)

Im September 1972 fuhr zuletzt ein mit einer Dampflok bespannter Zug im Bundesbahndirektions-Bezirk Hamburg

ohne eine Infrastruktur, die durch die Elektrifizierung der Bahn optimal ist. Der Rangierbahnhof Maschen hat erst durch den elektrischen Betrieb seine Triebfeder erhalten.
Mit der Nord-Süd-Elektrifizierung 1965 waren 6014 km des DB-Streckennetzes unter Strom, das waren bei dem damaligen Stand 21 % des Gesamtnetzes. Diese Zahlen geben jedoch nicht annähernd den Umfang des Projektes an, denn es mußten nicht nur die Streckengleise überspannt werden; Bahnsteig- oder Überholungsgleise und sonstige Anlagen gehörten ebenfalls dazu. Zum Beispiel mußten auf der 65 km langen Strecke vom südlichen Ende des Bundesbahnbezirks Hamburg, von Emmendorf bei Uelzen bis Harburg, 200 km Fahrdraht gespannt werden. Auf dem nur 30 km langen Streckenabschnitt Harburg–Eidelstedt waren es sogar 500 km Fahrleitung. Trotzdem – die Elektrifizierung hat sich bezahlt gemacht. Nach einer Faustformel schaffen 40 elektrische Lokomotiven die gleichen Transportleistungen wie ehemals 60 Dampflokomotiven.
Parallel zu der Elektrifizierung lief die sogenannte Verdieselung von DB-Strecken, die für den elektrischen Betrieb nicht rentabel waren. Der Grenzwert liegt bei einem Verbrauch von 500000 Kilowattstunden im Jahr pro Kilometer durch Züge, gleichgültig, ob es sich um Reise- oder Güterzüge handelt.
So also war das Ende der Dampflokomotive abzusehen. Am 30. September 1972 fuhr zum letztenmal im Bundesbahnbezirk Hamburg eine Dampflok fahrplanmäßig zwischen Altona und Westerland, und am 26. November 1977 hieß es endgültig »Dampf aus« im Gesamtbereich der Deutschen Bundesbahn. Am Jahresende 1977 haben die Anteile der Betriebsleistungen bei den Bruttotonnenkilometern im elektrischen Betrieb 82 %, im Dieselbetrieb 18 %, bei den Triebfahrzeugkilometern im elektrischen Betrieb 66 %, im Dieselbetrieb 34 % betragen.
Man darf heute der Dampflokomotive ein wenig nachtrauern. Sie vermittelte das Urbild einer Kraftmaschine, man sah die Anstrengungen, ihre Geräusche verrieten den Arbeitsprozeß. Jeder, der sie kannte, verbindet mit der Dampflokomotive nostalgische Erinnerungen. Man sollte die Träumer deshalb nicht belächeln.
Trotz aller Emotionen sprechen die Tatsachen gegen die Dampflokomotive. In nüchternen Zahlen ausgedrückt kostet heute der Betrieb mit E-Loks oder Dieselloks nur halb so viel wie der einstmalige Dampfbetrieb. Diese Einsparungen ergeben sich aus dem kleineren Fahrzeugpark, dem geringeren Perso-

nalbedarf und dem wesentlich niedrigeren Energieverbrauch. Außerdem sind Unterhaltungskosten bei den modernen Loks günstiger als beim Dampfbetrieb.
Zum Fahrplanwechsel am 28. September 1980 hatte das elektrisch betriebene Netz der DB den 11000. Kilometer erreicht. Von den 28565 km umfassenden Streckennetz der DB waren damit fast 39% elektrifiziert. Die Bundesbahn verwendet für ihren elektrischen Betrieb Wechselstrom von 15000 Volt, 16⅔ Hertz. Wo, wie in Dänemark, erst mit der Elektrifizierung begonnen werden soll, wird man gewiß die Periodenzahl von 50 Hz vorziehen, weil das vorteilhafter ist. Die heutige Technik bietet den Bahnen natürlich elegantere Lösungen an als den ersten elektrischen Bahnen um die Jahrhundertwende. Über Siliziumgleichrichter kann der Wechselstrom aus den Fahrleitungen im Fahrzeug in Gleichstrom umgewandelt werden, der dann die Gleichstromfahrmotoren der Lokomotive speist.
Die modernste Schöpfung an Elektro-Lokomotiven zeigte die DB einer breiten Öffentlichkeit anläßlich der Internationalen Verkehrsausstellung in Hamburg 1979, die Lok der Baureihe 120 mit Drehstromantrieb. Diese Lokomotive scheint das Nonplusultra zu sein. Aus dem Wechselstrom-Fahrdraht wird unter Anwendung der modernen Leistungselektronik der Drehstrom auf der Lokomotive selbst erzeugt. Hierbei läuft der Strom über einen Gleichstrom-Zwischenkreis. Die Lokomotive 120 ist universell einsetzbar, also für schnelle Züge ebenso wie für schwere Güterzüge. Die Elektronik gestattet ein stufenloses Steuern der Motoren. Sie zeichnet sich durch weitgehend verschleißfreien Lauf und minimale Wartung aus; außerdem kann sie die Bremsenergie in Form von Nutzbremsung wieder ins Netz zurückgeben. Eine Art »Stein der Weisen«?!
Seit dem Sommer 1980 stehen 5 Exemplare der Baureihe 120 bei der DB im Härtetest. Bei Bewährung wird die DB sich auf diese Universaltype umstellen.

Beheimatung der DB-Triebfahrzeuge u. Reisezugwagen im BD-Bezirk Hamburg (Stand: 1980)

	Dieseltriebfahrzeuge				**El. Triebfahrzeuge**		**Wagen**	
Bw(w)	Diesellok Strecke	Diesellok Rangier	Nebenf / Kleinlok u. a.	VT	E-Lok	ETA	Reisezugwagen	Güterwagen 2)
Flensburg	60	14	–	–	–	–	121	5–8
Husum	–	–	32 / 32	11 +21 1)	–	17 +19 1)	–	–
Kiel							288	
Lübeck	97	16	32 / 20	–	–	–	–	5–8
Puttgarden	–	–	–	–	–	–	65	
Hmb-Eidelstedt	–	–	–	–	203	–	–	–
Hmb-Langenfelde	–	–	–	–	–	–	1001	–
Hmb-Altona	19	25	– / 28	28 −52 1)	–	–	–	–
Hmb Hbf							373	
Hmb-Wilhelmsburg	–	83	67 / 38	–	–	–	–	–
Buchholz	–	–	7 / –	13 +24 1)	–	–		
Maschen (Gruppe Wagendienst)								200

1) Steuer- bzw. Beiwagen
2) Schnellausbesserung (Einheiten/Tag i. D.)

Zwanzig Jahre dauerte der Umstellungsprozeß auf die modernen Traktionen. Der finanzielle Aufwand war beträchtlich. Für die Ablösung der im Jahr 1957 noch eingesetzten 9400 Dampflokomotiven hat die DB bis 1977 über 2,8 Mrd. DM für die Beschaffung von Dieselfahrzeugen, 3 Milliarden für elektrische Fahrzeuge und 3,6 Mrd. für die Erstellung der sogenannten ortsfesten Anlagen für den E-Zugbetrieb ausgegeben.
Schon im Jahr 1978, dem ersten Jahr ohne Dampflokomotiven in der Geschichte der deutschen Eisenbahnen, meldete die DB eine Kostenersparnis von 4,75 Mrd. DM. Rückblickend kann festgestellt werden, daß diese Kraftanstrengungen mit der Existenzfrage der DB unmittelbar verknüpft gewesen sind; denn mit dem Produktionsapparat von 1957 stände die DB heute längst auf dem Abstellgleis.

Das Auto mitnehmen

Als am 29. Juni 1956 der erste Autoreisezug von Hamburg-Altona nach Basel/Chiasso abfuhr, war es ein Versuch der DB, im Auto nicht nur die große Konkurrenz zu sehen, sondern aus dem Auto – das nun einmal die Verkehrslandschaft mitbestimmte – auch einen Nutzen zu ziehen. Die Zeit schien damals reif zu sein, bestimmten Zielgruppen der immer größer werdenden Autofahrerfamilie einen besonderen Service anzubieten. Der erste Name für dieses Bahnangebot »Auto im Reisezug« schlug ein und entwikkelte sich zum Qualitätsbegriff. Nicht so sehr glücklich über die Neuerung war der Bahnhof Altona, denn der Service mußte improvisiert werden; es gab kein Vorbild. Was am meisten bedrückte, war der permanente Platzmangel sowohl in der Gleisbelegung wie im Bahnhofsbereich. Daß die Möglichkeiten der Autoverladung gerade in Altona mehr und mehr erweitert werden konnten, ist ein Phänomen, zumal der Bahnhof zwischenzeitlich bis auf die Grundmauern völlig neu gestaltet dasteht. Welche

1956: Die erste Autoverladung im Bahnhof Altona

Leistungen dem Personal abverlangt wurden, mögen die nachfolgenden Zahlen ausdrücken: Innerhalb von 20 Jahren (1956–76) sind allein von und nach Hamburg über 840000 Reisende in mehr als 400000 Autos in den Autoreisezügen befördert worden. Seit Juni 1973 bietet zwar die DB im Bahnhof Sternschanze eine Behelfsverladeanlage »Auto im Reisezug« für einige Verbindungen an, aber Altona ist Zentralpunkt dieser Einrichtung geblieben.
Wie sehr die DB auch bei diesem Angebot »richtig« liegt, beweist, daß sie zur Zeit über 40 Autoreisezüge mit mehr als 100 Verbindungen anbietet, die gut genutzt werden. Mußte sie 17 Jahre warten, ehe der millionste Fahrgast im Autoreisezug gezählt wurde, so dauerte es nur noch weitere 7 Jahre, um den zweimillionsten Benutzer zu begrüßen. Diese Zahl wurde am 3. September 1980 erreicht. Allein im Jahre 1979 beförderte die DB in ihrem Service »Auto im Reisezug« über 150000 Personenkraftwagen (nicht eingeschlossen ist der Übersetzverkehr auf der Vogelfluglinie und auf dem Bodensee). Das waren 7,5% mehr als im Jahr davor. Neu im Jahr 1980 ist die Beförderung von Caravans, Booten auf Anhängern und Wohnwagen hinzugekommen.
Für den Hamburger Raum stellt sich die Frage, ob bei einem starken Anstieg in Zukunft die Anlagen in

Altona (und Sternschanze) noch ausreichen werden. Die Möglichkeiten bieten sich an, im Rahmen des Rückbaues und der allgemeinen Neuordnung der durch den Rangierbahnhof Maschen entbehrlich gewordenen Anlagen der hamburgischen Güterbahnhöfe eine elegante und zukunftsorientierte Lösung zu finden.

Güterbahnhöfe in Hamburg – Geschichte, Bedeutung und Wandel

Wenn bei der noch folgenden Beschreibung des Hamburger Hauptbahnhofes dort die Bezeichnung »Personenbahnhof« fällt, so mag das überflüssig erscheinen, denn heute kennt man grundsätzlich nur getrennte Personen- und Güterbahnhöfe, sofern es sich um größere Anlagen handelt. Typische Landbahnhöfe dagegen vereinigen auch heute noch beide Einrichtungen. Dort können über den Schalter sowohl Güterwagen bestellt als auch Fahrkarten gekauft werden. Universell, wie sich die Eisenbahn in ihren Anfangsjahren darstellte, war auch ihr komprimierter Service. Mit der Ausweitung des Verkehrsmarktes wuchsen allerdings auch die Gleisanlagen. Mit der Ausdehnung der Bahnhöfe kam nach und nach die räumliche Trennung, so wie sie heute üblich ist. Diese typische Wandlung ist in Hamburg noch deutlich nachzuvollziehen.

War beim »ersten« Hamburger Bahnhof (1842–46) eine Güterexpedition noch im Bahnhofsgebäude untergebracht, so legte man bei seinem Nachfolger, dem Berliner Bahnhof (1846–1903), die Güterverkehrsanlagen weit hinter dem eigentlichen Bahnhofsgebäude an, und es war nur natürlich, daß dort, an der Banksstraße, auch die Güterabfertigung ihren neuen Platz erhielt. Erst als der Eisenbahn-Güterverkehr Ausmaße annahm, die eine mehrfache Zu- und Abfuhr am Tage in Güterzügen erforderten, war die Zeit reif für den Bau besonderer Rangierbahnhöfe. Diese Bahnanlagen wurden endlich auch zu Drehscheiben für den Güterfluß über den Nahbereich hinaus. 1879 entstand für die Hamburg-Berliner Eisenbahn-Gesellschaft der Rangierbahnhof Rothenburgsort mit getrennten Ost-West- und West-Ost-Systemen. Jedes System besteht aus der Einfahrgruppe, dem Ablaufberg (meistens zwei verschiedene Höhen für den Sommer- und Winterbetrieb), den charakteristischen Gleisharfen im Mittelbereich, auch Richtungsgleise genannt, und schließlich der Ausfahrgruppe. Ein Rangierbahnhof mit zwei getrennten Systemen wird »zweiseitig« genannt, die übrigen bezeichnet man als einseitig. Die Kapazität von Rothenburgsort lag zuletzt bei täglich 3300 behandelten Wagen.

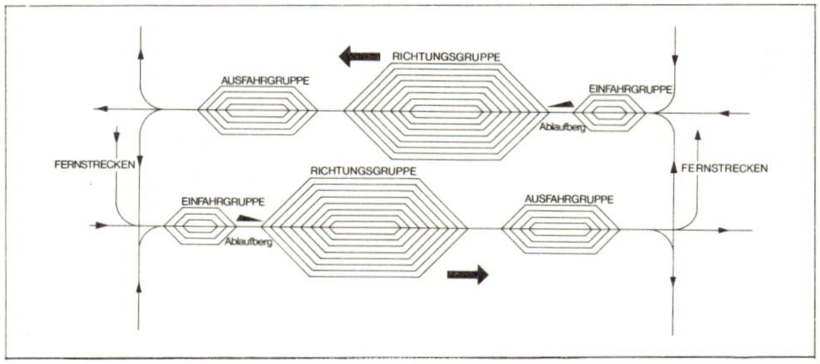

Schema eines zweiseitigen Rangierbahnhofes

Auch in Altona ist die Entwicklung in gewisser Analogie zur Berliner Bahn zu sehen. Die Güterexpedition befand sich auch hier anfangs im Bahnhofskomplex am hohen Elbufer. Mit der Umsatzsteigerung waren vermehrt neue Gleisanlagen notwendig geworden. Sie sind noch heute in der Harkortstraße vorhanden, Reminiszenzen der Eisenbahn-Gründerzeit. Eine andere Ausdehnung erfolgte entlang der Elbe mit der Möglichkeit einer verstärkten Direktverladung Bahn/Schiff. Aus dieser Anlage entstand der Güterbahnhof Hamburg-Altona Kai mit einer Gleislänge von 4330 Metern und einer Ausdehnung von zuletzt 1,53 km. Die Verbindung war durch den Hafenbahntunnel gewährleistet, der noch heute unentbehrlich ist.

Etwas bewegter sah es im Spannungsfeld des Altonaer Bahnhofes aus. Der Auffangbahnhof für Güter von und nach dem Norden war in Langenfelde Zug um Zug ausgebaut worden, gleichzeitig aber mußte eine geeignete Abstellfläche für den immer umfangreicher werdenden Park an Reisezugwagen gefunden werden. Hier entwickelte sich die wohl einmalige Besonderheit, daß ein Rangierbahnhof große Gleisbezirke für den Personenverkehr zu reservieren hatte. Eine Zumutung, wie es sich bald herausstellen sollte. Schon 1914 waren in Langenfelde täglich etwa 3000 Güterwagen zu bewegen; und der Verkehr stieg weiter. Abhilfe sollte der Bau eines neuen Güterbahnhofes in Eidelstedt bringen. 1911 hatten die Arbeiten daran begonnen, 1913 erhielt die Eisenbahndirektion vom Hamburger Staat eine beträchtliche Finanzhilfe, durch die zur Entlastung des Hauptbahnhofes die geplante Güterumgehungsbahn endlich realisiert werden sollte. Eidelstedt war hierfür als nördliche Steuerzentrale vorgesehen. Der Ausbruch des Ersten Weltkrieges verzögerte das Bauvorhaben. Erst 1922 war der Rangierbahnhof Eidelstedt fertig, ein imponierendes Werk mit 70000 Metern Gleisen, 400 Weichen auf einem 60 ha großen Areal. Er war seinerzeit der modernste Rangierbahnhof in der nördlichen Region, in dem täglich bis zu 4000 Wagen bewegt werden konnten. Gleichzeitig feierte man ihn als wichtiges Glied der Güterumgehungsbahn, ein bedauerlicher Irrtum. Wie wir heute sehen, warten DB und Wirtschaft noch immer auf deren Vollendung.

Und noch einen Güterbahnhof bescherte uns der Fortschrittsglaube an die Güterumgehungsbahn in jener Zeit zwischen den beiden Weltkriegen. Die von Ost nach West ausgerichteten Verkehrsströme konnten im damals hoffnungslos überforderten und veralteten Rangierbahnhof Rothenburgsort nicht mehr ordnungsgemäß aufgenommen werden. Auf der Grundlage eines Vertrages mit der Hansestadt aus dem Jahre 1925 begannen die Bauarbeiten für den Rangierbahnhof Billwerder, der unter anderem auch

Hochbetrieb im Rangierbahnhof Harburg 1970

eine starke Basis für die Güterumgehungsbahn werden sollte. Ein mächtiger Bahnhof, der Eidelstedt weit in den Schatten stellte.

Allein das Gelände war dreimal so groß, nämlich 180 ha, mit einer Längenausdehnung von 7,3 km. Über 3 Millionen Kubikmeter Bodenmassen mußten vom Geestrücken bei Boberg herangeschafft werden, um das Terrain für den Rangierbahnhof aufzufüllen. Selbst der Bahnhof Billwerder-Moorfleth erhielt damals einen neuen Standort, der Haltepunkt Mittlerer Landweg ebenfalls. Die Arbeiten in Billwerder waren noch nicht ganz abgeschlossen, da brach der Zweite Weltkrieg aus. Die einstmals diesem Bahnhof zugedachten Aufgaben wird er wohl nie mehr erfüllen, wohl aber andere, wie Sammelbecken für einen stärkeren DDR/Berlin-Verkehr und Knotenpunkt für die künftige Güterumgehungsbahn Maschen–Eidelstedt zu sein.

In ähnlicher Form wie Rothenburgsort entstand auch der Rangierbahnhof Harburg. Er war im Rahmen der dortigen Umgestaltungen geschaffen worden, die mit der Eröffnung des neuen Harburger Personenbahnhofs am 1. Mai 1897 ihren Abschluß fanden. Südlich der Reisezuganlagen gelegen, war er Kraftquelle für den Umschlagverkehr Bahn/Schiff südlich der Elbe, namentlich für die Bahnhöfe Unterelbe

und Waltershof. Er war nicht nur für Frachtenzüge allein Zugbildungsbahnhof, in einem besonderen Bahnhofsteil wurden eilbedürftige Güter zu Spezialzügen zusammengestellt. Noch im Jahre 1977 waren hier am Tag bis zu 150 Züge behandelt worden, dabei mußte in etwa 8000 Rangierfahrten uhrwerksmäßige Präzisionsarbeit geleistet werden.
Und nun zu einem Güterbahnhof, der im Laufe seiner Geschichte schon viermal seinen Namen wechselte, der dabei aber nie seine Bedeutung für die Hamburger Wirtschaft eingebüßt hat – der heutige Hauptgüterbahnhof Hamburg. Von 1872 bis 1892 nannte man ihn – je nach Laune – Venloer oder Pariser Bahnhof. Ab 1892 erhielt er dann den Namen Hannoverscher Bahnhof, und endlich am 1. Juni 1964 wurde er in »Hamburg Hauptgüterbahnhof« umbenannt.
Der 1872 im Zuge der Elbüberbrückung auf der Grasbrookinsel erbaute Venloer Bahnhof lag topographisch so günstig, daß er im Gegensatz zu allen anderen genannten hamburgischen Eisenbahn-Endpunkten keinen besonderen Güterbahnhof abseits der Personen-Anlage suchen mußte. Er wurde förmlich von seinem Güterbahnhof ummantelt. Seine öst-

Verladearbeiten auf der Grasbrookinsel vor dem Ersten Weltkrieg

liche Grenze ist der Oberhafen, wo geschickt die Kommunikation Binnenschiff/Eisenbahn gepflegt wurde, namentlich die Kohleversorgung Norddeutschlands aus Westfalen, denn zuvor dominierte hier die englische Kohle. Im Norden begrenzt der Ericusgraben den Bahnhof, im Westen stößt er an den eigentlichen Hafen.

Wenn der Hauptgüterbahnhof auch in der Gegenwart (1981) seinen vorzüglichen Stellenwert halten und sogar noch ausbauen konnte, so ist das seiner Metamorphose während aller eisenbahngeschichtlichen und wirtschaftlichen Veränderungen der Vergangenheit zu verdanken. Bei Schaffung des Freihafens im Jahre 1888 gingen Bahnhofsteile am Magdeburger Hafen in das Zollausschlußgebiet über (der Hafenbahnhof Kai rechts entstand), dafür erhielt der Venloer Bahnhof westlich des Oberhafenkanals Platz zum Aufbau neuer Gleise, den »Bahnhof III«, als Ergänzung zu den bisherigen Bahnhhofsteilen »I« und »II«. Mit der Eröffnung des Hamburger Hauptbahnhofes 1906 konnte der Personenverkehr im Hannoverschen Bahnhof eingestellt werden, die Bedeutung des Bahnhofs Hamburg Han als Güterbahnhof aber war größer geworden. Als Mitte der fünfziger Jahre der Hamburger Großmarkt seine Pforten öffnete, erhielt dieser einen Bezirksbahnhof mit dem Gleisbildstellwerk Hmo und einem Ablaufberg mit halbautomatischer Gleisbremse. Auch durch die Eröffnung des Rangierbahnhofes Maschen (1977/80) wurde der Hauptgüterbahnhof im Gegensatz zu anderen Anlagen nicht entbehrlich. Seine Aufgaben bestehen heute in der Abwicklung des Eilgüterzugverkehrs in Verbindung mit dem Bahnhof Maschen Rbf für die Hamburger Wirtschaft, den Hafen, den Großmarktverkehr, der Bedienung der größten deutschen Stückgut-Abfertigung und in der Abwicklung des Güterzugverkehrs aus Richtung Maschen in Richtung Rothenburgsort, Güterumgehungsbahn/ Lübeck und Büchen. Heute (1981) werden dort täglich 156 Güterzüge gebildet oder aufgelöst, 580 Rangierfahrten ausgeführt. Der Bahnhof hat 12 Haupt- und 98 Nebengleise mit einer Gesamtausdehnung von über 20 km. Von Rothenburgsort kommend mündet eine zweigleisige Strecke ein, außerdem gibt es ein Verbindungsgleis zum Hafenbahnhof Kai rechts, das aber nur in besonderen Situationen benutzt wird.

Nicht unerwähnt bleiben dürfte die im Zeichen der wachsenden Integrität Schiene/Straße geschaffene Straßenroller-Anlage im Bahnhofsteil Hammerbrook. Es handelt sich hierbei um Schwergüter-Spezialfahrzeuge der Eisenbahn für Straßentransporte. Dadurch besteht die Möglichkeit, einen Haus-Haus-Güterwagenverkehr auch denen zu bieten, die über keinen eigenen Gleisanschluß verfügen. Nach seinem Erfinder, Prof. Dr.-Ing. Johann Culemeyer, wird diese Beförderungsart seit 1933 praktiziert und vielfach auch »Culemeyer« genannt. Die Nachteile sind neben der Behinderung des allgemeinen Straßenverkehrs der verzögerte Güterwagenumlauf und der ungünstige Eigenmassekoeffizient.

Der musculus bizeps unter den hamburgischen Rangierbahnhöfen, die Verteilerzentrale zwischen den Häfen links und rechts der Elbe, war der Rangierbahnhof Wilhelmsburg. Er ist das Produkt der großen Zäsur, die die Infrastruktur Hamburgs so gravierend beeinflußt hatte – die Gründung des Freihafens 1888. Die linkselbisch gelegenen Eisenbahnanlagen des Bahnhofes Niedernfelde fielen in das Zollausschlußgebiet, daraus entstand schließlich der heutige Haupthafenbahnhof Hamburg Süd. Als Ersatz dafür erhielt die Eisenbahn Gelände auf der Insel Wilhelmsburg zugewiesen und erbaute dort in den Jahren 1889/90 den Rangierbahnhof Wilhelmsburg. 1893 war die Verbindung zwischen Hamburg Süd und Wilhelmsburg fertig, und drei Jahre später war der Direktanschluß Hamburg Süd–Veddel (Güterzuggleise) befahrbar. Der Anschluß des oberhalb der Brücken gelegenen Peutegebietes an den Bahnhof Wilhelmsburg kam erst 1910 zustande.

Die schwierige Aufgabe des Rangierbahnhofes Wilhelmsburg war es, die Verteilerrolle zwischen den

beiden großen Hafenbahnhöfen Kai rechts und Hamburg Süd auszuüben, die Frachtenzüge mit Gütern aus dem Hamburger Hafen zu bilden. Eine manchmal schier unmögliche Aufgabe, da die Anlagen nicht erneuert wurden, die Wirtschaft der Gegenwart aber immer schnellere Transportzeiten erwartete.
Mit der vereinfachten Lösung zur Inbetriebnahme einer Güterumgehungsbahn in Hamburg 1941 entstand auch der Güterbahnhof Lokstedt, während die »Güterbahnhöfe« Barmbek und Ohlsdorf Attribute der Ohlsdorfer Bahn sind, jener Verlängerung der Hamburg-Altonaer Stadt- und Vorortbahn im Jahre 1906. Die Güterabfertigungen Langenhorn und Ochsenzoll dagegen entstanden im Zuge des ehemaligen Staatsbahn-Baugleises für die Langenhorner Bahn, einer Zweigbahn der Hamburger Hochbahn, die im Jahre 1916 erbaut wurde.
Viele Güterbahnhöfe und fünf große Rangierbahnhöfe mit zehn Rangiersystemen in und um eine große Stadt – die Güterbahnhofsanlagen innerhalb des Hafens nicht eingerechnet – das war nicht nur unwirtschaftlich, es war ein gordischer Knoten, den schon zwei Eisenbahner-Generationen zuvor nicht zu lösen vermochten. Maschen ist die große »Masche«.

Verladung von Kohlen am Oberhafen im Jahr 1935, im Hintergrund die Oberhafenkanalbrücke

Der weite Weg bis Maschen

Im Zweiten Weltkrieg waren die Rangierbahnhöfe der Deutschen Reichsbahn im besonderen Maße den Luftangriffen der Alliierten ausgesetzt. Ihr kostspieliger Wiederaufbau kam in den ersten Nachkriegsjahren häufig nicht dem wachsenden Verkehrsbedürfnis nach. Die Rangieraufgaben mußten daher vielfach nicht nach den verkehrlichen und wirtschaftlichen Gesichtspunkten, sondern orientiert nach den arbeitsfähigen Anlagen verteilt werden. Erschwerend kam hinzu, daß das in Jahrzehnten gewachsene Ost-West-ausgerichtete Eisenbahnnetz im Deutschen Reich plötzlich – durch die willkürliche Zonengrenzziehung bedingt – Nord-Süd-Verkehr in starkem Maße zu verkraften hatte. Damit lagen auch die Rangierbahnhöfe als Koordinaten nicht immer schwerpunktgerecht.

Daß die Infrastruktur den neuen Realitäten angepaßt werden mußte, stand außer Frage. In Hamburg sah die Bilanz noch schlechter aus: Die schon seit der Jahrhundertwende dringend geforderte Güterumgehungsbahn zwischen einem noch zu erbauenden großen Rangierbahnhof bei Meckelfeld und Eidelstedt zur Trennung der Güterströme und Reisezugbündel war ein Traum geblieben. (Einzelheiten sind schon zuvor genannt worden.) Die Hochkonjunktur in der Periode des Wiederaufbaues und der wirtschaftlichen Blüte fand zwar einen sehr elastisch reagierenden Hafen (und seiner Anlagen) vor, aber außerhalb der Freihafengrenze waren die schon beschriebenen fünf altertümlichen Rangierbahnhöfe mit zehn Rangiersystemen nicht in der Lage, einen reibungslosen Zu- und Ablauf von Güterwagen zu gewährleisten. Um nur einige Mißstände zu nennen:

- geringe Kapazität
- die vorwiegend mechanische Signaltechnik
- die ungünstige Anordnung der Weichen
- zu flache Neigungen der Ablaufberge
- das Fehlen von Gleisbremsen

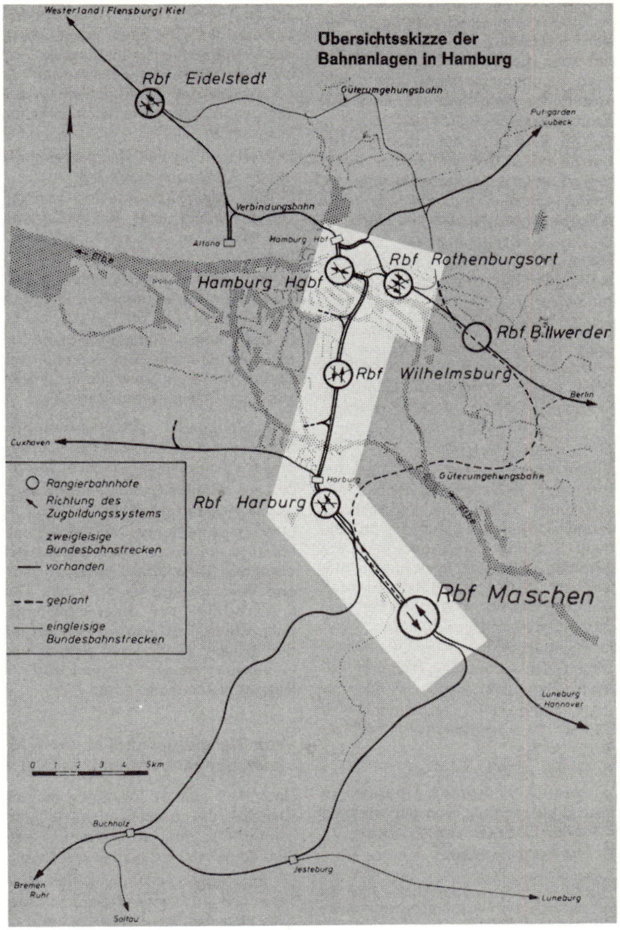

Als man schließlich die alten Pläne hervorholte, zeigte es sich, daß in Meckelfeld für den Bau eines zentralen Rangierbahnhofes kein Platz mehr vorhanden war. Nach mehreren wissenschaftlichen Untersuchungen entschied man sich endlich für die »große Lösung«, den Bau eines Rangierbahnhofes südlich von Meckelfeld bei Maschen, sowohl für die Nord-Süd- wie für die Süd-Nord-Richtung, die man zunächst in Wilhelmsburg erhalten wollte. Was nach dieser Entscheidung folgte, war Generalstabsarbeit. Im Jahre 1970 begannen die Arbeiten, am 7.7.1977 war das Nord-Süd-System in Funktion und endlich, am 28. September 1980, konnte das zweite System »eingeschaltet« werden. Eingeschlossen in dieses Vorhaben war der Anschluß der Westmagistrale Hamburg–Bremen/Ruhrgebiet durch einen Direktanschluß bei Buchholz über Jesteburg und die Verlängerung des Güterzug-Gleispaares Hauptbahnhof –Harburg bis Maschen. Doch die Güterumgehungsbahn, jene schon seit über 80 Jahren geforderte und heute dringender denn je erforderliche Entlastungsstrecke zwischen dem südlichen Zentralgüterbahnhof und Eidelstedt über Elbe und Billwerder, ist nicht gebaut worden. Der Arbeitsbeginn an dieser Bahn scheiterte bis zur Gegenwart (1981) an Einsprüchen von Bürgern. Es wäre eine Tragik mit unvorstellbaren Folgen für den Marktplatz Hamburg, wenn dieser Plan endgültig scheitern sollte. Maschen braucht diese Verbindung ebenso wie Hamburg und sein Hafen.

Der Rangierbahnhof Maschen ist wahrhaftig ein Bahnhof der Superlative. Einige Zahlen sollen das belegen:

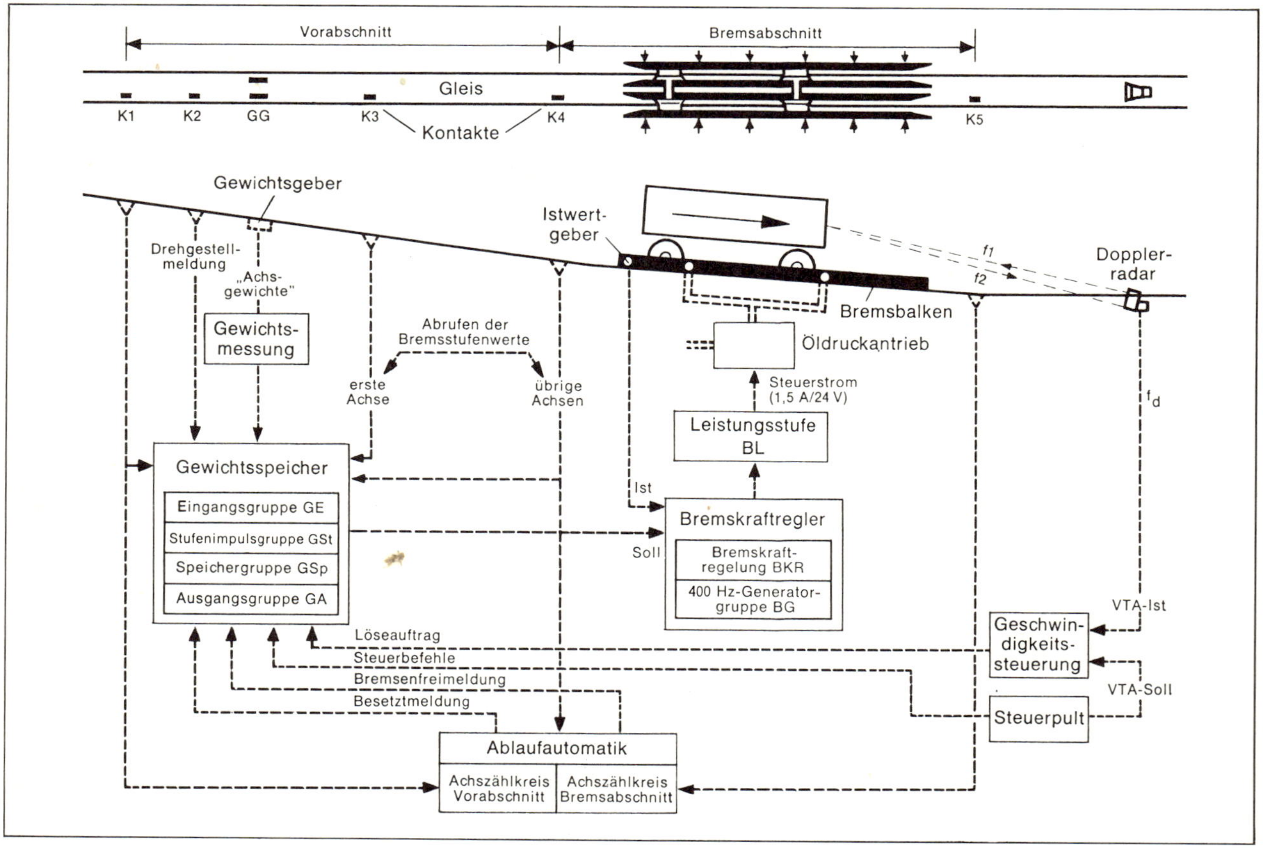

Schema der Arbeitsweise einer modernen Balkengleisbremse mit elektronischer Überwachung des Güterwagenlaufes

Der Bahnhof hat eine Grundfläche von 280 ha (zum Vergleich noch einmal: Eidelstedt 60 ha, Billwerder 180 ha), die Maximallänge beträgt 7 km. Im Nord-Süd-System liegen 48 Richtungsgleise, in der Gegenrichtung 64, zusätzlich 15 andere Gleise. Insgesamt besitzt der Bahnhof 750000 Meter Schienen mit über 1000 Weichen. (Zum Vergleich: Der Hamburger Hauptbahnhof ist nur 1200 Meter lang, von Einfahrsignal zu Einfahrsignal gemessen; es liegen dort 43300 Meter Gleis mit 265 Weicheneinheiten im Fernbereich, also ausschließlich S-Bahn.)
Über die 1000 Weichen in Maschen sind technisch 38000 verschiedene Rangier- und Zugfahrten möglich. Die Tageskapazität dieses Superbahnhofes beträgt 11000 Güterwagen, die entweder aus ankommenden Zügen umrangiert werden oder in neuen Zügen Anschluß finden. Gegenwärtig (1981) werden in Maschen täglich bis zu 9000 Wagen behandelt.
In der Technik hat Maschen das Optimum an Modernität erhalten. Im Stellwerk Mnwf (Maschen-Nord-West-Fahrdienstleiter) liegen von der Funktion her moderne Rechenzentren und eine ausgereifte Signal- und Fernmeldetechnik, verknüpft mit Informations-, Dispositions- und Befehlsräumen. Zur Bewältigung der vielfältigen Aufgaben in diesem modernsten und größten Rangierbahnhof Europas wurde ein hierarchisch strukturiertes Rechnersystem gewählt, dessen Beschreibung im einzelnen den Rahmen dieser Schrift sprengen würde. Der Rangierbahnhof Maschen hat Maßstäbe gesetzt. Im Hamburger Raum hat er die fünf beschriebenen Rangierbahnhöfe weitestgehend ersetzt. Diese werden je nach Befinden entweder zurückgebaut (allein 6000 Meter in Harburg) oder teilweise auch anderen Dienstleistungen der DB den langgesuchten Raum anbieten können (vielleicht »Auto im Reisezug« oder »Rollende Autobahn«); sie bleiben aber für den Güterzugverkehr als Knotenbahnhöfe der Nahbereiche bestehen. Die Entwicklung ist z. Zt. (1981) noch nicht abgeschlossen. Maschen ist jetzt der einzige Rangierbahnhof der Region Hamburg. Untersuchungen im Verein mit den in Maschen gemachten Erfahrungen haben gezeigt, daß die DB wesentlich höhere Leistungen im Güterverkehr erzielen kann, wenn sie diesen über nur wenige, aber dafür leistungsstarke Rangierbahnhöfe schleusen würde. Der Rationalisierungsprozeß aufgrund dieser Erkenntnis ist bereits im vollen Gange. Von ursprünglich 135 Rangierbahnhöfen sind nur noch 62 »Drehscheiben« geblieben. Diese Konzentration wird noch weiter fortgesetzt; die Investitionen im Rahmen des Bundesverkehrswegeplanes sollen dort fortgeschrieben werden.

Der Hafen und die Eisenbahn

Der erste große Gewinn an wirtschaftlichem Neuland, den das 19. Jahrhundert dem Hamburger Handel brachte, war die Verselbständigung Mittel- und Südamerikas gewesen. Aber nicht nur in Amerika, auch in Asien waren inzwischen neue Handelsmöglichkeiten aufgetaucht. Der chinesische Markt hatte sich für den europäischen Handel geöffnet, als die Engländer nach dem Opiumkrieg (1842) die Freigabe von fünf Häfen erzwungen hatten, die allen Nationen von nun an offen standen.
Wer seinen Blick über den Hamburger Seeschiffhafen schweifen ließ, über den in den Befestigungsring hineinragenden Binnenhafen und den Elbstrom selbst, in dem die Schiffe an langen Pfahlreihen festmachten, mußte sich sagen, daß er eines Tages zu klein sein werde, wenn der Handel weiter zunahm. In Hamburg gab es seinerzeit noch keine Kaianlagen. Die Schiffe ankerten vielmehr im Strom, befestigt an sogenannten »Duckdalben« – eine Bezeichnung, die dem Herzog von Alba zugeschrieben wird (duc-alba), andere Sprachforscher leiten sie vom Niederdeutschen ab (dic = Deich, dallen = Pfähle).
Wie in allen Häfen von Bedeutung waren auch in Hamburg, Harburg, Altona, Kiel und Lübeck seinerzeit zwei gravierende Veränderungen zu realisieren, die Anpassung der Hafenanlagen an den stetig stei-

genden Schiffsverkehr und die Einbindung der Eisenbahn in den Hafenumschlag.
Interessant ist es zu verfolgen, wie sich von Jahr zu Jahr die Zahl der in Hamburg angekommenen Seeschiffe vergrößert und wie gewaltig deren Größe zugenommen hat. 1840 waren es erst 2937 Schiffe, davon nur 343 Dampfer. Die weitere Entwicklung ist bezeichnend:

Jahr	Zahl der Schiffe	durchschnittl. Größe in NRT
1850	3763	123
1860	4843	183
1870	4974	293
1880	5582	430
1890	7600	581
1895	8928	667
(1977	18516	3211)

Seit dem 18. Jahrhundert war für den Ausbau des Hamburger Hafens nichts Wesentliches geschehen. Die Schiffahrt war also, obgleich sie einen so großen Aufschwung genommen hatte, noch immer auf die beiden alten, von Ebbe und Flut abhängigen Hafenanlagen im Südwesten und Südosten der Stadt angewiesen, dem sogenannten Binnenhafen für die Seeschiffe mit in den Elbstrom vorgeschobenen Häfen und dem Oberhafen flußaufwärts für den Verkehr die Elbe hinauf. Nun aber, seit etwa 1825, wurden etliche Reformpläne diskutiert. Neben den städtischen Beamten wurde dazu auch Vignoles herangezogen, jener Engländer, der für das Projekt einer Eisenbahn von Hannover nach Harburg die Vorarbeiten unternahm; er schlug 1836 eine Eindeichung vor, die beide Häfen mitsamt der Grasbrook-Insel umzog und die Schiffe nur noch durch Schleusen hereinließ. Er wollte also das in England bewährte und dort auch wegen des großen Unterschiedes zwischen Ebbe und Flut notwendige System der Dockhäfen auf Hamburg übertragen. Auf dem Grasbrook sah er ein System von solchen Docks in Verbindung mit Eisenbahnen vor. Dieser Plan war so unfaßbar für die Hamburger, daß er einfach liegenblieb. Dann kam der Große Hamburger Brand, und man mußte zunächst andere Prioritäten setzen. Zwischenzeitlich war Heinrich Hübbe Hamburger Wasserbaudirektor geworden. Mit Lindley (dem Erbauer der ersten Hamburger Eisenbahn) zur Seite und dem aus England gerufenen Fachmann James Walker ist im Oktober 1845 ein neuer umfassender Hafenplan für Hamburg vorgelegt worden. Der Plan war bestechend, hatte jedoch die leidige Bedingung, Hamburg solle (wie London) ein Dockhafen werden. Über diesen und noch andere Zwangspunkte entbrannte ein heftiger Meinungsstreit, der erst 20 Jahre später ein Ende fand.
In der Zwischenzeit hatten alle Nachbarhäfen die Symbiose Eisenbahn-Seeschiff verwirklichen können. In Kiel, wo die Altona-Kieler Bahn sich nach Lage der örtlichen Verhältnisse leicht bis an die tief ins Land einschneidende Förde heranschieben konnte (der erste Bahnhof lag noch weiter nach Osten als der jetzige, 1899 eröffnete Hauptpersonenbahnhof), wurde die Hafenbahn gleich von der Stammlinie abgezweigt (September 1844) und in Betrieb genommen.
In Altona bot die Örtlichkeit mehr Schwierigkeiten, da die Eisenbahn hoch am Geestrande, 28 m über der Elbe endete. Man mußte daher ein Gleis über die Straße und auf einer 1:6½ geneigten Ebene zum Hafen führen, auf der die Wagen zunächst mit Pferden, seit 1849 mit einer feststehenden Dampfmaschine bewegt wurden. Erst 1871, als die Stadt eine Erweiterung des Hafens vornahm, griff man auf den ursprünglichen Gedanken einer Tunnelverbindung zurück; am 18. Januar 1876 wurde die neue Hafenbahn mit dem 395 m langen, in einer Steigung 1:36 liegenden Tunnel in Betrieb genommen. Bei der Umgestaltung der Altonaer Eisenbahnanlagen und der Zurückverlegung des Bahnhofs nach Norden er-

hielt der Tunnel eine Länge von 961 m (16. November 1895), vom 1. Mai 1911 bis zum 22. Mai 1955 wurde die Bahn elektrisch betrieben (25 Hz, 6,3 kV). Die Hafenbahnanlagen sind damals unentgeltlich in das Eigentum der Staatsbahn übergegangen, die damit auch die Unterhaltung übernahm und die gesamte Betriebsführung behielt. Erst am 1. Juni 1980 sind die Eigentumsverhältnisse hier wieder verändert worden. Danach sind alle Bahnanlagen im Hafenbereich, vom Tunneleingang ab km 1,620, an die Freie und Hansestadt Hamburg übereignet worden. Der Hafenbahntunnel machte übrigens den für den Bau der City-S-Bahn verantwortlichen Ingenieuren recht heftigen Ärger, weil sich beide Trassen auf ihrem unterirdischen Weg tangieren. Die termingerechte Fertigstellung der City-S-Bahn am 19. April 1979 zeigte jedoch, daß man mit diesem Problem auch fertig wurde.

Der alte Hafenbahntunnel zwischen Altonaer Bahnhof und Kai während der Bauarbeiten an der City-S-Bahn 1977

In Harburg ist die Verbindung von Eisenbahn und Schiffahrt von Anfang an besonders innig gewesen; der Zweck der Hannoverschen Staatsbahn Lehrte–Harburg war ja gerade der, den Seeumschlagsverkehr an sich zu ziehen. So wurden im Einvernehmen mit der staatlichen Wasserbauverwaltung der unmittelbar am Hafen Harburg gelegene Kopfbahnhof allseitig möglichst intensiv an den z.T. damals erst geschaffenen Hafenteil angeschlossen und die Kaianlagen mit Umschlagseinrichtungen versehen. Auch die Cöln-Mindener Bahn ging bei Errichtung der Hamburger Strecke in gleicher Weise vor, so daß auch hier die Bedürfnisse des Umschlags auf beste Weise befriedigt werden konnten. Nach dem Bau der Unterelbeschen Bahn wurde von deren Betriebsanlagen aus die Lotsebahn in den Binnenhafen vorgetrieben (1.11.1898), der von der Staatsbahn bis dahin nicht erreicht werden konnte. Bald darauf ging man von einer alten Harburger Tradition ab; statt Dockhäfen wurden nunmehr Tidehäfen (wie in Hamburg) gebaut. An der Süderelbe entstanden noch vor dem Ersten Weltkrieg drei neue Hafenbecken, während der Seehafen 4 erst in den zwanziger Jahren vollendet wurde. Am 1. April 1907 nahm der neue Seehafenbahnhof Harburg seinen Betrieb auf. Die 1893 gegründete und zwischenzeitlich an die Hamburger Hafenbahn übergegangene »Wilhelmsburger Industriebahn A.-G.« begann noch vor dem Ersten Weltkrieg mit der gleistechnischen Erschließung der Insel Wilhelmsburg, dem Anschluß des Peutegebietes, des Hovekanals und der Rethe an den Bahnhof Wilhelmsburg.

In Flensburg, Husum und Tönning stammen die ersten Hafenbahnen aus der Zeit des Baues der Südschleswigschen Eisenbahn (1854).

Und wie sah es nun mit dem Eisenbahnanschluß im Hamburger Hafen aus? Schon beim Abschluß des Pachtvertrages zwischen der Hamburg-Bergedorfer und der Berlin-Hamburger Eisenbahn im Jahr 1844 erkannte man in Hamburg die Notwendigkeit, die Eisenbahn in den Hafen zu führen, um die unmittelbare Überladung zwischen Schiff und Eisenbahn zu ermöglichen. Auch der Walker-Lindley-Hübbesche Hafenplan von 1845 nahm auf diese Notwendigkeit bereits Rücksicht. Dabei ist zu beachten, daß der über zwei Jahrzehnte dauernde, erst durch Dalmann beendete Kampf, ob Hamburg, wie die von Hamburg angerufenen englischen Sachverständigen es wollten, ein abgeschleuster Dockhafen oder ein offener Tidehafen werden sollte, noch durchaus unentschieden war. Die Ausführung der Pläne unterblieb aber, und zwar nicht nur wegen der bald einsetzenden ungünstigen wirtschaftlichen Verhältnisse und der Ungewißheit, wie die für den Hafenbau in erster Linie in Frage kommende Grasbrook-Insel hafentechnisch aufgeschlossen werden sollte, sondern auch aus dem Grunde, weil man eine Entscheidung über die damals auftauchende Frage der Herstellung einer Bahn über Harburg ins Hannoversche und die Klärung der Lage der Eisenbahn-Elbbrücken erst abwarten wollte. Die Harburger Bahn mußte, wie sich bald herausstellte, in Hamburg auf dem Grasbrook eingeführt und dabei außer der Elbe selbst auch der Oberhafen überbrückt werden.

Erst 1859, als diese Fragen im wesentlichen geklärt waren, als weiter auch die Lage der Hamburg-Alto-

Aus Hamburgs Nachbarschaft: Kieler Marinesoldaten im Jahr 1900 vor der Verschiffung nach China in Bremerhaven.

naer Verbindungsbahn schon ziemlich feststand, machte die Berlin-Hamburger Eisenbahn im Februar 1859 dem Senat den Vorschlag, zunächst wenigstens eine provisorische Eisenbahnverbindung von ihrem Bahnhof unter Überbrückung des Oberhafens zur Nordseite des Sandtorhafens zu bauen und dort einen Kai anzulegen, der Platz für vier Dampfschiffe bieten sollte. Die Eisenbahn wollte auch den Betrieb auf diesen von ihr auf eigene Kosten herzurichtenden Anlagen einschließlich der Schuppen übernehmen. Der Senat schlug dagegen vor, daß es dann schon besser sei, den Kaibetrieb vom Staat selbst zu übernehmen, auch die Hafenbahn selbst zu bauen, den Betrieb auf der Bahn aber einer der in Hamburg mündenden Eisenbahnen zu übertragen. Inzwischen hatte Dalmann die Hafenbahn derart entworfen, daß nicht nur eine direkte Verbindung mit der nunmehr endgültig festgelegten Hamburg-Altonaer Verbin-

Der Hamburger Hafen. Vorn links der Hauptbahnhof Hamburg Süd vor seinem Umbau 1966 (LA Hmb 3439/66)

dungsbahn ohne unmittelbare Berührung des Berliner Bahnhofes möglich, sondern daß auch die Verbindung mit der Hamburg-Harburger Bahn und den auf der anderen Seite des Sandtorhafens geplanten Kaianlagen sichergestellt war. Daraufhin kam es zu dem Vertrag vom 18. Juli 1866, nach dem die Berlin-Hamburger Bahn die Hafenbahn zum Sandtorkai pachtete und auch deren Unterhaltung übernahm. Am 11. August 1866 legte das erste Schiff in Hamburg am Kai an, am gleichen Tage rollten die ersten Eisenbahnzüge in den Hafen. Drei Jahre später errichtete die Berlin-Hamburger Bahn am Meßberg den 40 Jahre später bei der Umgestaltung der Eisenbahnanlagen beseitigten Zollschuppen für Wasser- und Landverkehr, in den drei Eisenbahngleise hineinführten.

Inzwischen rückte die Vollendung der Venlo-Hamburger Bahn und der Kaianlagen am Kaiserkai nä-

Die ursprünglichen Gleisverbindungen am Sandtor, von der Kaiwurzel aus gesehen in Richtung Großer Grasbrook

her. Durch den Staatsvertrag mit Preußen vom 18. März 1868 war der Köln-Mindener Bahn bereits die Verpflichtung auferlegt worden, eine direkte Verbindung des Venloer Bahnhofs mit der Hamburg-Altonaer Verbindungsbahn am Klostertor herzustellen. Die Übertragung des Betriebs der neuen Grasbrook-Bahn zum Kaiser- und Grasbrook-Kai (später Dalmann-Kai) an die Köln-Mindener Eisenbahn erfolgte 1872. Der Ausbau der Häfen ging inzwischen weiter. Auf dem durch den Bahnbau und den Elbbrückenbau gänzlich umgestalteten und landfest gewordenen Baakenwerder wurde 1872/73 der Baakenwerder Hafen angelegt, der hauptsächlich dem Petroleumverkehr diente und der im Winter 1873/74 an das Schienennetz der Venloer Bahn angeschlossen wurde (1888 endgültig ausgebaut). Der südlich der Elbe seit 1869 als erster Hafen gebaute Petroleumhafen, jetzt Südwesthafen, blieb bis 1880 ohne Eisenbahnanschluß.

Leider verzerrte sich der Wettbewerb der beiden beteiligten Eisenbahn-Gesellschaften um den Marktanteil im Hamburger Hafen mehr und mehr. Wie zum Hohn schaltete sich die Magdeburg-Halberstädter Eisenbahn-Gesellschaft in den Streit ein und bot dem Hamburger Staat die Übernahme des Hafenbahnbetriebs an. Hamburg hatte jedoch andere Pläne. Mit Wirkung vom 1. Januar 1880 übernahm der Hamburger Staat den Betrieb der Kaibahnen mit dem Personal und den Lokomotiven der Berliner Bahn.

In dieses Vertragsverhältnis trat dann nach Verstaatlichung der Berlin-Hamburger Bahn (1883) auch Preußen ein, das aber mit Hamburg 1888 einen neuen Vertrag aushandelte. Danach hatte Hamburg auch die Unterhaltung der Bahnen zu übernehmen; für Preußen entfiel die Verpflichtung, Rechnung über den Betrieb zu legen und einen etwaigen Überschuß herauszugeben.

Der Zollanschluß (15. Oktober 1888) machte übrigens eine Teilung der Rangierbahnhöfe in zollinländische und zollausländische nötig. Auf dem rechten Elbufer wurde von dem Köln-Mindener Bahnhof der zollausländische hamburgische Rangierbahnhof Kai rechts (=rechtselbisch) abgezweigt und über die Baakenbrücke mit den Kaigleisen verbunden. Noch heute gibt es dort ein Stellwerk mit der Abkürzung »Sq« = Sandtorquai. Als Ersatz wurde dabei von Preußen auf dem linken Elbufer der zollinländische Rangierbahnhof Wilhelmsburg (1889/1890) gebaut.

Südlich der Elbe baute Hamburg den Rangierbahnhof Niedernfelde zu dem Zollausschlußbahnhof Hamburg Süd aus und bald darauf auch die Verbindungsbahn Wilhelmsburg–Niedernfelde (Hamburg Süd) zum unmittelbaren Anschluß der südelbischen Häfen (fertig am 1. Oktober 1893). Eine Umgestaltung dieser Anlagen erfolgte beim Bau des dritten und vierten Gleises Hamburg–Wilhelmsburg (1894) zum 1. Oktober 1896 sowie 1910 bei der Einführung der ebenfalls hamburgischen Peutebahn in den Bahnhof Wilhelmsburg, die dem Anschluß des zollinländischen Industriegeländes am linken Elbufer oberhalb der Brücken dient.

Um die Bedeutung Hamburgs im Vergleich zu den übrigen deutschen Seeschiffahrt treibenden Städten kurz vor der Jahrhundertwende zu erkennen, sind nachstehend die in Betracht kommenden Zahlen angegeben:

Seeschiffahrtsverkehr deutscher Seehäfen 1894	
Hamburg	6151900 t
Stettin	1481000 t
Danzig Kiel Bremen Lübeck Königsberg	477800 – 691700 t
Köln	63600 t
Duisburg	46300 t
Düsseldorf	40300 t

Die Köhlbrandfähre bei Eisgang im Jahr 1929

Zerstörungen im Hamburger Hafen durch Luftangriffe

Luftbild aus dem Jahr 1929: Im Mittelpunkt die Kehrwiederspitze, links der Sandtorhafen, rechts der Grasbrookhafen

Der 1908 zwischen Preußen und Hamburg abgeschlossene Köhlbrandvertrag übte auch auf das Schienennetz einen Einfluß aus. Während Hamburg in diesem Vertrag Preußen die Vertiefung des Köhlbrands, der lebenswichtigen Wasserstraße Harburgs, genehmigte, verlangte es auf der anderen Seite die Einwilligung Preußens zum Bau einer Bahnlinie von Finkenwerder und Waltershof zur Cuxhavener Staatsbahnstrecke.
1913 dehnte sich der Hamburger Hafen durch das Verlegen des Petroleumhafens nach Waltershof erstmalig über den Köhlbrand aus. Die dort gelegenen Hafenbecken erhielten einen Gleisanschluß, der mit dem übrigen Schienennetz durch die Köhlbrandfähre verbunden wurde.
Das Jahr 1929 brachte nach langen Verhandlungen den »Vertrag über den Betrieb der hamburgischen Hafenbahn« (Hafenbetriebsvertrag). In diesem fand die noch heute gültige Regelung der vertraglichen Verhältnisse zwischen der Hansestadt Hamburg und der Staatsbahn ihren Niederschlag. Betriebsführung, Bau und Unterhaltung der Bahnanlagen hat sich demnach Hamburg vorbehalten. Die Staatsbahn führt den Fahr- und Rangierdienst für die Rechnung und Gefahr Hamburgs aus. Dank der guten Zusammenarbeit von Hansestadt und Eisenbahn wird somit in Hamburg der verladenden Wirtschaft ein optimaler Service geboten. Aus dem im Jahre 1890 eingeführten Levante-Tarif, dem ersten Überseetarif, entwickelte sich bald eine ganze Reihe von Seehafentarifen, die bis in die Gegenwart hinein von großer volkswirtschaftlicher Bedeutung geblieben sind. Darüber hinaus sind die Seehafentarife echter Beweis der Verbundenheit zwischen Seeschiff und Eisenbahn.
Ist gute Zusammenarbeit aller Beteiligten im Hamburger Hafen ein wesentlicher Faktor für den Güterumschlag, so dürfen aber auch die technischen Einrichtungen als Voraussetzung nicht vergessen werden. Nicht ohne Bedeutung ist die sogenannte Kaiaufteilung.

Die neue Kaiaufteilung: Die Eisenbahngleise an der Wasserseite machen die enge Verzahnung Schiff/Eisenbahn deutlich

Bis zum Zweiten Weltkrieg war der Hamburger Hafen vorwiegend ein Binnenschiffs-Umschlaghafen. Danach erlebten wir einen gewaltigen Wandel der Verkehrslandschaft. Bis 1940 wurde der größte Teil der Ein- und Ausfuhren durch Binnenschiffe von und zum Hinterland befördert. Den Rest besorgte die Eisenbahn. Das Fuhrwerk und später der Lkw fielen kaum in Betracht. Aus diesem Verkehrsaufkommen heraus wurde eine Kaiaufteilung geschaffen, die man im Prinzip von den Anfängen (Sandtorquai) bis zum Zweiten Weltkrieg beibehielt. Das Bild sah folgendermaßen aus:
An der Wasserseite der Kaischuppen gab es nur ein Gleis, das sich im Pflaster der Kaistraße erstreckte, während auf der Landseite in eigenem Gleiskörper drei Schienenstränge den Raum ausfüllten. Hier hauptsächlich wurde das Ladegeschäft sowie das Feinrangieren ausgeführt. Das Fuhrwerk und der später hinzugekommene Lkw erledigten ihren Umschlagbetrieb auf der an der Wasserseite gelegenen Kaistraße. Erst als das Verkehrsaufkommen für diese Verkehrsträger größer wurde, schuf man kurze Anfahrten auch auf der Landseite. Doch sollte diese Maßnahme nur ein Übergangsstadium sein.

Durch die Auswirkungen des Zweiten Weltkrieges waren 305000 Meter (oder 68%) der Hafenbahngleise und 90% der Kaischuppen zerstört worden. Bei dem allmählich beginnenden Wiederaufbau der Hafenbahnanlagen konnte man sich nun aber natürlich gleichzeitig auch der veränderten Suprastruktur der Wirtschaft anpassen.
Ein nicht unwesentlicher Faktor zur Strukturveränderung im Hamburger Hafen war die willkürliche Zonengrenzziehung entlang der Elbe mit starker Beeinträchtigung der Binnenschiffahrt. Diese Situation war mitbestimmend dafür, daß sich der Hamburger Hafen zunächst vom Binnenschiff-Umschlaghafen zum Landverkehrs-Umschlaghafen entwickelt hat. Der Wiederaufbau der Kaianlagen war von jener Zeitepoche geprägt. Die Eisenbahn erhielt allgemein den Raum an der Wasserseite der Schuppen, während man dem Lastkraftwagen die landseitige Kaistraße zugeteilt hatte. Für den Bedarfsfall war auch dort ein Eisenbahngleis eingepflastert. In der Fachwelt sprach man damals euphorisch von der »Hamburger Kaiaufteilung«. Der zunehmende Containereinsatz, die Verwendung von mehr und mehr Spezialschiffen und das Aufkommen neuartigen Ladegeschirrs lassen diese klassische Vorhaltung heute nicht mehr voll zur Entfaltung kommen. Sehr vorteilhaft dagegen hat sich die Anlage von Vorbahnhöfen oder besser gesagt Kaibezirksbahnhöfen in den Scheitelpunkten der verschiedensten Kaischenkel bewährt. Man zählt heute 16 Kaibezirksbahnhöfe, in Kopf- oder Durchgangsform angelegt, in denen die Güterwagen »feinrangiert« werden, um schuppen- oder lukengerecht bereitgestellt zu werden. Das Aufteilen der täglich rund 120 Güterzüge zu den einzelnen Kais ist Sache der Hafen-Rangierbahnhöfe.
Die Binnenschiffahrt ist im Hamburger Hafen durchaus kein Stiefkind geworden. Schon die Errichtung des »Übersee-Zentrums« liefert in modernerer Form allen Verkehrsträgern gleichwertige Chancen. Letztlich aber gab der neue Elbe-Seiten-Kanal dem Hamburger Hafen einen exzellenten Anschluß an das europäische Binnenwasserstraßennetz. Das Binnenschiff ist wieder in Wettbewerb zur Eisenbahn im Hamburger Hafen getreten, den diese aber nicht fürchten sollte. Die Vorleistungen in der Infrastruktur haben die Hafenbahn in Hamburg zu einem verläßlichen Instrument der Wirtschaft gemacht.
Niemand konnte in den Anfangsjahren der Hafenbahn ahnen, welchen Umfang der Hafenumschlag einmal erreichen und welche großen Aufgaben eine Hafen-Anschlußbahn zu übernehmen haben würde. Heute laufen jährlich über 18000 Schiffe den Hamburger Hafen an. Dabei werden (1979) 63 Millionen Tonnen Güter umgeschlagen. Mit der Ausdehnung der Hafenanlagen wuchs auch die Hafenbahn mit. Aus dem ersten 700 Meter langen Anschlußgleis ist bis heute ein mächtiger »Hafenbahnhof« von 670000 Metern Gleislänge und 2500 Weicheneinheiten geworden, der den Hafenveränderungen ständig angepaßt wird.
Nur für Fachleute erkennbar kristallisiert sich aus dem Geflecht von Gleisen, Weichen und Signalen ein System heraus, das mit seinen modernsten Einrichtungen den Welthafen Hamburg schlechthin verkörpert.
Vier große Rangierbahnhöfe sind in dieser Hafenbahn-Andienung erkennbar: Hamburg Süd, Kai rechts, Waltershof und Hohe Schaar. Sie geben dem Hafen die Impulse, bedienen die schon genannten 16 Kai-Bezirksbahnhöfe, über 350 Gleisanschlußstellen und rund 1000 kleinere Ladestellen. Zahlen, die die täglichen Leistungen nur annähernd verdeutlichen; eine Palette der Andienung, die der Außenstehende überhaupt nicht zu durchschauen vermag. Wenn aber eine solche vielschichtige Anlage mit Erfolg arbeitet, dann stimmt das Konzept. Und so sieht die Bilanz aus: 1979 sind über die Hamburger Hafenbahn rund 24 Mio. Tonnen an Gütern gerollt. 24 Mio. Tonnen – das bedeutet 90% des Gesamtaufkommens im Güterverkehr der Bundesbahndirektion Hamburg oder 7,5% im Bereich der DB insgesamt.

Der Hamburger Behörde für Wirtschaft, Verkehr und Landwirtschaft (BWVL) unterstellt ist das Amt Strom- und Hafenbau mit einer Hafenbahnabteilung. Dort werden in Abstimmung mit der DB die »Weichenstellungen« vorgenommen, dem Hamburger Hafen wirtschaftlich ausgereifte Bahnanschlüsse zu geben. Wohl selten werden Investitionen in die Infrastruktur so schnell von einem Erfolg bestätigt, wie die vollzogene Modernisierung der Hafenbahn und ihre ständige Anpassung in der Gegenwart:
Seit 1953 gibt es im Hafenbereich den UKW-Rangierfunk zur Verständigung zwischen Lokomotivführer und Stellwerk, mit dem Erfolg einer immens gesteigerten Flexibilität.
Mit der Nord-Süd-Elektrifizierung der DB erfolgte ab 1965 der Hafenanschluß mit dem Ergebnis, daß heute bereits 70000 Meter der Hafenbahn »unter Draht« sind.
Nach neunjähriger Bauzeit war der Haupthafenbahnhof Hamburg Süd mit einem Gesamtaufwand von 28 Millionen DM im Dezember 1968 auf den neuesten technischen Stand gebracht worden. Anstelle des alten Bahnhofs Niedernfelde aus dem vergangenen Jahrhundert glänzt dort heute ein neuer Rangierbahnhof mit einem Ablaufberg für Ein- und Ausgang, 16 Berggleisen, 37 Richtungsgleisen, 15 Ein- und Ausfahrgleisen neben dem Ablaufberg, einer Ablaufspeicherautomatik und drei ferngesteuer-

Im Überseezentrum finden sich alle Verkehrsträger unter einem Dach wieder (LA Hmb 3434/66)

ten Balkengleisbremsen. Das Fahrdienstleiterstellwerk Hsf und das Weichenwärterstellwerk Hsw erhielten die modernste Stellwerkstechnik (Sp Dr S 60). Bei den übrigen Rangierbahnhöfen und Kaibezirksbahnhöfen gehört zwischenzeitlich das Gleisbildstellwerk längst zum Repertoire. So gibt der Hafenbahnhof Hohe Schaar beredtes Zeugnis von dem hohen technischen Stand der Hafenbahn. Dieser Bahnhof im Gebiet von Kattwyk/Hohe Schaar ist im Jahre 1962 durch Neuansiedlung von hafennaher Industrie notwendig geworden. Von einem zentralen Gleisbildstellwerk aus werden alle Weichen und Signale dieses Bahnhofes und dazu die Gleisbesetzung überwacht. Außerdem ist es durch eine elektronisch gesteuerte Rangieranlage möglich, bis zu 48 Waggons nach einem gewählten Programm in die vorherbestimmten Gleise zu leiten.

Der Schwerpunkt des Hamburger Hafens, und immer noch sein größter und wirtschaftlich aktivster Teil, liegt südlich des Innenstadtgebietes. Nach und

Die Kattwykbrücke, eine kombinierte Eisenbahn-Straßenhubbrücke, 1973 (LA Hmb 1360/73)

nach hat sich der Hafen weiter nach Süden und nach Westen ausgedehnt. Dabei entstand in Waltershof der Kern eines zweiten, des westlichen Hafenteils, an den sich das »Hafenerweiterungsgebiet« anschließt (auch die Hafenbahn mit dem Bezirksbahnhof »Alte Süderelbe«). Zwischen den alten Hafenteilen und dem neuen westlichen Hafengebiet liegen Köhlbrand und Süderelbe, gemeinsam eine Schiffahrtsstraße bildend, die von eminenter Wichtigkeit ist. Für den Eisenbahn- und Straßenverkehr bildete dieser Wasserweg ein starkes Hindernis. Die imposante Köhlbrandbrücke zeigte einen Ausweg. Da eine Eisenbahn über eine solche Hochbrücke nicht geführt werden kann, mußte nach einer weiteren Lösung gesucht werden (ein Trajekt schied im Hinblick auf die Hafenerweiterung aus). Etwa drei Kilometer südlich der Köhlbrandbrücke entstand die Kattwykbrükke. Da der Großschiffsverkehr dort schon bedeutend geringer ist, kann die Brücke ohne »Anrampungen« etwa in Uferhöhe die Süderelbe kreuzen. Die Mittelöffnung wird bei Bedarf für passierende Schiffe angehoben. Die Kattwykbrücke ist als kombinierte Eisenbahn-Straßenhubbrücke ausgebildet worden. Eine Verbindungsbahn vom Hafenbahnhof Hohe Schaar über die Kattwykbrücke zur Cuxhavener Strecke der Deutschen Bundesbahn sorgt für den schnellen Anschluß auch der übrigen westlich des Köhlbrands gelegenen Hafenteile.

Ein wichtiges Element im linkselbischen Hafengebiet stellt der Bahnhof Waltershof dar. Er macht nicht nur seit jüngster Zeit Furore. Schon 1968 begann hier mit dem Start des ersten Containerzuges »Delphin« ein neues Hafenzeitalter. Zur Zeit steht dieser Bahnhof ganz im Zeichen der fortschreitenden Hafenerweiterungen. Der Bahnhof selbst praktiziert ein einseitiges Rangiersystem mit Ablaufberg für Ein- und Ausgang, mit 15 Berggleisen, 26 Richtungsgleisen, 7 Ein- und Ausfahrgleisen neben dem Berg. Seine betrieblichen Aufgaben lauten: Auflösen und Bilden von Zügen, Grobsortierung für die Ladestellen, wobei die Bedienung des Containerbahnhofs die für

Bahn und Schiff im Hamburger Hafen, gemeinsam schaffen sie auch den stärksten Brocken

Außenstehende wohl beeindruckendste Arbeit sein mag. Daß hier eine moderne Stellwerkstechnik im Einsatz ist, mag nur am Rande erwähnt sein. Dem Bahnhof Waltershof angegliedert sind die Bezirksbahnhöfe Mühlenwerder (mit Ablaufberg, Stellwerk und Ablaufautomatik), Alte Süderelbe (mit Ablaufberg) sowie die beiden Bahnhöfe Landterminal und Maakendamm. Eigentlich, den Aufzählungen nach, nichts Überwältigendes gegenüber den anderen Hafenanlagen. Das könnte stimmen – wenn es nicht die noch unerwähnt gebliebene Anlage »Hansaport« geben würde! Um es kurz zu sagen: Hansaport ist der neue Erzhafen in Hamburg, und dort mischt die Bahn kräftig mit. Hansaport erhielt einen eigenen Werksbahnhof mit acht elektrifizierten Ein- und Ausfahrgleisen und einem Wärterstellwerk, das diesmal nicht von Eisenbahnern, sondern von Männern des Hansaport besetzt ist, denn hier geht vieles automatisch mit einer Perfektion, die futuristisch klingt: Die Erzzüge pendeln als sogenannte Ganzzüge zwischen Hansaport und den Stahlkochern in Peine/Salzgitter. Die Spezialwagen sind Privatwagen mit einem Ladegewicht von 100 Tonnen. Sie sind sechs-

achsig. Jeder Ganzzug kann insgesamt 4000 Tonnen Erz befördern, rechnet man die Tara hinzu, dann hat ein solcher Zug ein Gewicht von 5400 Tonnen. Nur die Narvikbahn kennt in Europa solche Gewichte. Da eine »normale« Schraubenkupplung für solche Gewichte untauglich wäre, haben die Wagen (Fachbezeichnung Faal) Mittelpufferkupplungen, die Zug- und Stoßvorrichtung zusammen verkörpern. Jeweils zwei Elektrolokomotiven vom Typ 151 befördern die Ganzzüge nach genauem Fahrplan mit 80 km/h. Vier Ganzzüge sind täglich zwischen Peine und Hamburg unterwegs. Die Erzverladung geht so rasend schnell, daß umgerechnet ein Beladevorgang nur 20 Sekunden pro Waggon beansprucht. Das ist wahrhaftig ein Superlativ.
Faßt man die Leistungen der DB für den Hamburger Hafen in nur wenigen Zahlen zusammen, ist das nicht nur beeindruckend, sondern dann wird die Bedeutung der Eisenbahn für den Hamburger Markt überdeutlich erkennbar:

> Die DB befördert 60% des Getreideumschlages, 67% Kali und 95% Erze.

Im Containerverkehr nimmt die DB 80% aller großen Kisten auf ihre Achsen, die über den Nahbereich hinaus 150 km und weiter rollen.
Tag für Tag fahren über 120 Güterzüge mit 5000 Waggons in den Hamburger Hafen oder bringen die Güter in das Hinterland. Im ersten Betriebsjahr der Quaibahnen (1867) wurden stolze 70000 Tonnen an Gütern bewegt. Heute wird diese einstmalige Jahresmenge durch die Hamburger Hafenbahn an einem einzigen Tage befördert. Es ist der Pulsschlag des Hafens Hamburg.
Letztlich aber kann die DB als »Fuhrmann« nur die Frachten bewegen, die der Hafenplatz Hamburg erbringt. Hamburg steht und fällt mit seinem Hafen. Die Eisenbahn tut alles in ihrem Bereich Mögliche, die Geltung des Welthafens Hamburg zu verbessern.

Im Stellwerk ist die Sicherheit zu Hause

Jahrzehntelange Erfahrungen haben die Eisenbahnen gelehrt, daß der Mensch allein und ohne technische Hilfsmittel die Verantwortung für die Sicherheit im Eisenbahnbetrieb nicht tragen kann. Mit Entsetzen und einer traurigen Bilanz wird jene Einsicht gegenwärtig Tag um Tag im Straßenverkehr verdeutlicht. Die Eisenbahn ist heute so sicher, daß ein Mensch 7000 Jahre lang stündlich 100 km Bahn fahren müßte, wenn er die Absicht hätte, dort ohne Eigenverschulden tödlich zu verunglücken.

Schienengewirr im Hamburger Hauptbahnhof

Was macht die Bahn so sicher? Eisenbahnen fahren immer nur dorthin, wohin die Schienen sie lenken. Soll die Richtung einmal verändert werden, so bedarf es einer Weichenstellung. Vom Stellwerk aus werden die Weichen zu Fahrstraßen für die einzelnen Zugfahrten geordnet. Stellwerke mit den dazugehörigen Weichen befinden sich fast ausschließlich in Bahnhöfen. (Abzweigstellen auf freier Strecke sind keine Bahnhöfe.) Die Verantwortung für den Zugverkehr in einem Bahnhof trägt der Fahrdienstleiter. Sein Platz ist gewöhnlich das Fahrdienstleiterstellwerk. Je größer ein Bahnhof ist, um so größer ist auch das scheinbare Weichengewirr, sind die Möglichkeiten von Fahrstraßenkombinationen. Wo erforderlich, werden die Bahnhöfe in mehrere Verantwortungsbereiche, in Fahrdienstleiterbezirke aufgeteilt. Doch wie kann die Sicherheit garantiert werden?

Die »alten« mechanischen Stellwerke garantierten auf biedere, aber vortreffliche Art die Sicherheit. Sie arbeiteten wie ein riesiges Türschloß. Jeder Weichenhebel war mit einem Verschlußbalken verbunden, der sich je nach Weichenstellung senkte oder hob. War einmal der Fahrweg eingestellt, schob der Fahrdienstleiter zur Kontrolle der Richtigkeit und zur Sperrung der Hebel eine Schubstange mit Einschnitten und Höckern dazwischen. Erst nachdem die Zugfahrt beendet war, konnten die Sperren wieder aufgehoben werden. Das Grenzmaß für den Ausdehnungsbereich eines mechanischen Stellwerks war die menschliche Muskelkraft, denn alle Weichen- oder Signalbewegungen erfolgten über einen Stelldraht. Erst die Fortentwicklung der Elektronik um die Jahrhundertwende gab der Sicherheitsform eine andere Gestalt. Die Weichen und Signale erhielten elektrische Antriebe, im Stellwerk selbst wurde so das Relais zum unentbehrlichen Instrument. Die Arbeitsweise des Relais ist denkbar einfach: Mit Hilfe eines Elektromagneten sind metallene Kontaktfahnen in zwei verschiedene Stellungen zu bringen, entweder der Stromkreis wird geschlossen oder unterbrochen. Auf dieser Basis ließen sich, ähnlich wie bei dem oben beschriebenen mechanischen Schubstangensystem, die Abhängigkeiten zwischen den Weichen und Signalen mit einer bestimmten Aneinanderreihung von Relais und Kontakten herstellen. Naturgemäß hätte eine Relais-Abhängigkeitsschaltung einen viel größeren Weichenbereich erfassen können als zuvor, doch bei der Eisenbahn galt schon immer der Spruch »Safety first«. Man war sich lange Zeit der elektrischen Schaltglieder nicht ganz sicher und »verriegelte« die Zugfahrten nun doppelt, durch den neuen elektrischen und den mechanischen Part altbewährter Art. Es war der Beginn der elektromechanischen Stellwerkstechnik.

Der Bahnhof Altona, in den Jahren 1895/98 in Betrieb genommen, begann noch mit mechanischen Stellwerken, die aber 1913 durch das schon erwähnte große elektromechanische Stellwerk Ao abgelöst wurden. Der Hauptbahnhof dagegen erhielt von vornherein für seine Fahrdienstleiterbezirke »Süd«, »Ost« und »Nord« (entsprechende Bezeichnungen Hs, Ho und Hn) und für seinen Abstellbahnhof »Hbr« elektromechanische Einrichtungen. Lediglich das Weichenwärterstellwerk »Hp« für den Postbahnhof war mechanisch zu bedienen. Die in den vierziger Jahren installierten Vierreihenstellwerke innerhalb des Hauptbahnhofes änderten an der grundsätzlichen Technik nicht viel. Auch sie gehörten zu der großen Familie der Elektromechanik.

Eine neue Generation von Stellwerken kam erst nach dem Zweiten Weltkrieg auf. 1948 wurde im Raum Düsseldorf unter großem Aufsehen der gesamten Fachwelt das erste elektrische Stellwerk seiner Bestimmung übergeben. Die Relaistechnik war nun soweit ausgereift, daß ihre Schaltzuverlässigkeit auch

Das im Jahr 1977 im Hamburger Hauptbahnhof fertiggestellte elektrische Stellwerk Hfz der Betriebsform Sp Dr S 60

den strengen gesetzlichen Eisenbahnrichtlinien genügte. Während man bei einem mechanischen Verschlußregister mit seinem gekreuzten Stangensystem an eine rechtwinkelige Anordnung der Bedienungshebel gebunden war, konnten beim elektrischen Stellwerk die Bedienungseinrichtungen von Weichen und Signalen beliebig angeordnet werden. An die Stelle von Stangen traten nun Drähte. Praktisch denkende Ingenieure nutzten diese Möglichkeit und ordneten die Stelleinrichtungen so, wie sie auch draußen im Weichenfeld lagen. Der Stelltisch entsprach bildmäßig der Wirklichkeit. Die neuen elektrischen Stellwerke bekamen deshalb auch den Namen Gleisbildstellwerke oder – weil durch Drucktasten betätigt – Dr-Stellwerke. Eines der ersten Drucktastenstellwerke im Raum Hamburg erhielt der Bahnhof Altona. Das dortige Dr I-Stellwerk ist am 7. Dezember 1952 in Betrieb genommen worden.

Im Hinblick auf die zunehmenden Zugfrequenzen im Hamburger S-Bahnverkehr nach Aufnahme des elektrischen Zugbetriebes auf dem Ast Bergedorf –Pinneberg sowie nach Eröffnung der City-S-Bahn

Blick in das große elektromechanische Stellwerk Ao in Altona im Jahr 1931

kamen auf den Hauptbahnhof neue umfangreiche Verteileraufgaben zu, die nur durch eine Hochleistungs-Dr-Technik gelöst werden konnten. Das neue S-Bahnstellwerk Hhs im Hauptbahnhof hat heute täglich rund 16000 Fahrstraßeneinstellungen zu bewältigen. Es ist damit eines der am stärksten belasteten Stellwerke der DB.

Im Fernverkehr des Hauptbahnhofes zeigten die elektromechanischen Vierreihenstellwerke schon nach zwanzigjähriger Benutzung starke Verschleißerscheinungen. Die Zeit war reif, hier die neue Technik einzusetzen, nachdem auch der Bahnhof Harburg mit überzeugendem Erfolg damit arbeitete. Am 13. Juni 1977 übernahm das neue Stellwerk Hzf, Bauform Sp Dr S 60, die Garantie für die Sicherheit im Hauptbahnhof Hamburg. Es ersetzte die drei Fahrdienstleiterstellwerke Hn, Hs und Ho, das Stellwerk Hp für den Postbezirk und Hbr für den Abstellbahnhof sowie vier Blockstellen. An das Stellwerk Hzf sind insgesamt angeschlossen 180 Weichen und Gleissperren, 26 Hauptsignale, 28 Vorsignale und Vorsignalwiederholer, 150 Sperrsignale sowie 14 selbsttätige Blocksignale. Von dort werden auch die Streckenabschnitte bis Wandsbek und Veddel durch zuggesteuerte Signalanlagen gesichert. Damit stehen auf dem gesamten Engpaß zwischen Harburg und Altona Selbstblock und Gleisbildstellwerke als Garanten für Sicherheit und Schnelligkeit Tag und Nacht bereit. Insgesamt sind »rund um die Uhr« im Hauptbahnhof 850 Fernzüge (zuzüglich 860 S-Bahnzüge über Stellwerk Hhs) und 2500 Rangierfahrten sicherungstechnisch zu behandeln.

Damit der Fahrdienstleiter jederzeit einen Überblick über die Zugstandorte besitzt, gibt es auf Hzf auch eine Zugnummern-Meldeanlage. Von den Einwahlstellen in Harburg, Veddel, Hamburg-Hauptgüterbahnhof, Berliner Tor, Wandsbek, Sternschanze oder Rainweg werden die Zugnummern der dort in Richtung Hauptbahnhof fahrenden Züge eingewählt. Das Zentralstellwerk hat Zugnummerndrucker, die alle Ein- und Ausfahrten automatisch registrieren. Auch die Lautsprecherdurchsagen werden von Hzf aus gemacht.

Im August 1980 feierte die DB ihr 1500. Gleisbildstellwerk. Diese zusammen haben insgesamt 3900 Stellwerke alter Bauart ersetzt und 13000 Arbeitskräfte freigesetzt, die nun anderweitig bei der DB beschäftigt werden können.

Ist nun das im Hamburger Hauptbahnhof installierte Stellwerk der Bauform Sp Dr S 60 der Weisheit letzter Schluß? Gewiß nicht, denn selbst Stellwerke dieser Machart sind als Sp Dr S 600 schon seit 1980 in noch weiter verbesserter Form im Einsatz. Als nächster Schritt wird das elektronische Stellwerk vorbereitet, das in den neunziger Jahren ausgereift sein soll. Das Relais als Schaltmittel soll dann der Vergangenheit angehören, da unter anderem auch die personalintensive Fertigung der speziellen Signalrelais und die Wartung zu hohe Kosten verursachen. Die DB geht davon aus, daß das elektronische Stellwerk, ab 1990 eingeführt, bei höchster Sicherheit auch wirtschaftlich zu überzeugen vermag.

Der Bahnhof – die große Andienung der Eisenbahn

Vor Erfindung der Eisenbahn war für jeden Reisenden das Passieren des Stadttores der Beginn oder das Ende einer Reise. Das Stadttor, gleichgültig, ob Teil der Festungs- oder nur Akziseanlage, war über Jahrhunderte hinaus der Inbegriff des Schutzes und der Sicherheit. Als die Eisenbahn erfunden war und diese sich nicht auf der Landstraße, sondern auf eigenem Schienenweg fortbewegte, war die Einfügung in das Stadtbild selbstverständlich mit dem Gedanken gekoppelt, daß auch dieses neue Fortbewegungsmittel eine Art Stadttor brauchte. Nur so ist es zu erklären, daß die Eisenbahnendpunkte der Frühzeit nicht nur aus den notwendigen Betriebsanlagen bestanden. In mehr oder weniger ausgeprägter Form erhielten die Bahnhofsgebäude selbst die Gestalt eines Stadttores. Freilich fungierte der Bahnhof nicht

als Stadttor im kommerziellen Sinne, namentlich nicht nach Wegfall der Akziselinie (Hamburg hob die Torsperre 1861 auf). Im Gegenteil, jene Tore, mit denen viele Bahnhöfe sich schmückten, sollten gerade die Öffnung zur weiten Welt darstellen.
Nach und nach entwickelte sich der Bahnhof zum Symbol einer neuen Epoche – der industriellen Revolution, des sozialen Fortschritts. Und so formten die Menschen auch ihre Bahnhöfe um. Zukunftsweisend entstanden aus den bescheidenen Stadttoren triumphale Monumente, die den Zeitgeist verkörperten. Aber ist es nicht eigenartig, daß diese Zeit zwar die neuen Werkstoffe Eisen und Glas in verschwenderischer Fülle zu einer spezifischen Symbiose verflocht, aber keinen eigenen Baustil für die Fassaden hervorbrachte? Antike Baukunst, Romanik, Gotik oder Renaissance feierten hier ihre Wiederauferstehung. Kathedralenhaft erhob sich über allem der große Uhrenturm, gleichgültig, in welchem Erdteil der Bahnhof auch entstand. Zugegeben, die Bahn zwang die Zeit in ein Korsett, den Raum überwand sie selbst. Die Eisenbahn war es, die eine von den Gestirnen gegebene Zeit nicht vertrug, ihre örtliche Verschiebung als nicht brauchbar abtat. Für ihren

Der 1897 eröffnete Bahnhof Harburg von Osten gesehen. Ansicht auf einer alten Postkarte aus dem Jahr 1931

Fahrplan brauchte sie ein eigenes Zeitmaß, die »Normaluhr«. (In den USA gab es noch 1882 Eisenbahnstrecken, deren Stationen neben der Railwaytime bis zu 100 andere Uhrzeiten kannten.) In Deutschland ist die MEZ erst 1893 eingeführt worden. Sie ersetzte bei uns 10 verschiedene Ortszeiten. Die 24-Stundenzählung allerdings kennt man in Deutschland erst seit 1917.

Aus jener architektonischen Zeitströmung entstanden auch die Hamburger Bahnhöfe; die düstere Romanik des Bahnhofes Harburg nach Entwürfen des Professors Stier aus Hannover, das bodenschwere Festungsbauwerk des Bahnhofes Altona nach Plänen des Geheimen Oberbaurates Georg Eggert, der auch den Frankfurter Hauptbahnhof gebaut hat, und der Jugendstil des Bahnhofes Dammtor von Eisenbahnbaurat Moeller. Der Inbegriff aber von Eklektizismus, der Rückgriff also auf Stilmittel verschiedenster Epochen mangels eigenschöpferischer Leistungen, mag wohl der Hamburger Hauptbahnhof sein. Er sollte uns als Sinnbild jener Zeit erhalten bleiben, denn die Bahnhofsarchitektur allgemein verlor namentlich nach dem Zweiten Weltkrieg aus den verschiedensten Gründen ihren Triumphalcharakter. An seine Stelle trat der nüchterne Funktionalismus. So entstanden in neuerer Zeit moderne und modernisierte Bahnhöfe, passend zu einem oft steril gewordenen Stadtbild. Viele von ihnen verloren dabei in ihrer baulichen Struktur den Stellenwert eines öffentlichen Forums. Erst in jüngster Zeit erinnert man sich wieder der historischen Werte, die in einem Bahnhof stecken. Wie bei uns in der Bundesrepublik

Der am 7. Juni 1903 eröffnete Dammtorbahnhof vor dem Ersten Weltkrieg

die Denkmalspflege, so versucht man überall in der Welt die Zeugen einer Geschichtsperiode, die die Menschheit entscheidend mit geformt hat, zu erhalten. Die alten Bahnhöfe werden nicht sterben.

Der Hamburger Hauptbahnhof, Sinnbild einer Eisenbahn-Schaltzentrale im Norden, ist ein typischer Schauplatz des sich ständig wandelnden Verkehrsmarktes. Er soll stellvertretend für alle übrigen Bahnhöfe der Region in besonderer Weise vorgestellt werden:

Hamburg Hauptbahnhof – sein äußeres Erscheinungsbild

Am 6. Mai 1900 war ein Preisausschreiben für die »Errichtung des Hauptbahnhofes einschließlich der Hallen« erlassen worden. Bis zum 31. Dezember 1900 gingen 16 Entwürfe ein. Diese brachten zwar keine befriedigende Lösung, doch empfahl das Preisgericht bei der Eisenbahndirektion Altona, die Entwürfe der Architekten Reinhardt und Süßenguth, Berlin, und den des Eisenbahnbaurats Moeller mit Preisen von je 8000 Mark zu belegen. Moellers Entwurf befaßte sich mit dem Grundriß, während sich die Arbeiten der beiden Architekten der Hochbauten annahmen. Nach mehreren Änderungen, die wesentlich auch von Kaiser Wilhelm II. persönlich beeinflußt wurden (auf einen Entwurf soll er »scheußlich« geschrieben haben), begannen 1902 die Arbeiten. Die Bauleitung übernahm das Architektenteam in Zusammenarbeit mit der Eisenbahndirektion Altona.

Um den gewaltigen Baugrund zu schaffen, war zunächst der alte Friedhof von St. Georg zu räumen. Danach wurde von dort soviel Erde abgetragen, daß eine etwa sechs Meter tiefe und fast 450 Meter lange Ebene entstand. Erst nach diesen Vorarbeiten konnten die Gleisarbeiten beginnen. Man schuf fünf Bahnsteige (seit 1980 sind es sechs) und sieben Gepäckbahnsteige mit Längen bis zu 367 Metern, die nach der Elektrifizierung wesentlich verlängert wurden. Über Treppen sind die Bahnsteige mit dem in höherer Lage erbauten Empfangsgebäude verbunden. Anschließend an das Empfangsgebäude wurden die zwölf Bahnhofsgleise (seit 1980 auf 13, ab 1981 um ein weiteres Gleis, auf 14 Gleise erweitert) in einer Länge von 140 Metern durch eine nur aus Eisen und Glas bestehende großartige Konstruktion überdacht. Diese Halle nimmt an ihrem Südende einen Steg auf, der sowohl von den umgebenden Straßen/Straßentunneln als auch von den einzelnen Bahnsteigen zugänglich ist. (In den Jahren 1963/64 wurde der Südsteg auf seine heutige Breite gebracht, nach Beendigung der Streckenelektrifizierung erhielt er im Zusammenhang mit den Bahnsteigverlängerungen auch Rolltreppen.) Die Spannweite der Halle beträgt 73 Meter, die Höhe 37 Meter. Der Uhrenturm am Glockengießerwall ist 45 Meter hoch, das Zifferblatt hat einen Durchmesser von 3 Metern. Der zweite Turm an der Kirchenallee-Seite ist 1943 zerstört und später abgerissen worden. Sein Wiederaufbau ist im Rahmen der anfallenden Renovierungsarbeiten sehr wahrscheinlich.

Die Halle ruht auf eisernen Säulen, die zwischen den Gleisen gründen, und besteht fast ganz aus Eisenfachwerk. Überall in den einzelnen Hallen und Sälen bleibt das Eisen fast unverhüllt sichtbar und gibt dem gesamten Bau sein eigenes Gepräge. Zur Abdeckung der Dächer und Umrahmung der großen Glasfläche dagegen wurde Kupfer verwendet. Der Bau ist ein wahrhaft faszinierendes Dokument der sich seit der zweiten Hälfte des 19. Jahrhunderts entwickelnden »Industriearchitektur«. Um so auffälliger der Kontrast zu dem Eklektizismus des äußeren Erscheinungsbildes mit den massiven Mauern aus Tuffstein.

Die Gesamtkosten für die Umgestaltungsarbeiten allein auf Hamburger Gebiet betrugen 38 Millionen Mark, hiervon trug Hamburg 9,25 Millionen. Insgesamt waren für die Arbeiten in Altona und Hamburg 87 Millionen Mark aufzubringen. Preußen zahlte 70 Millionen, Hamburg 15 und die Lübeck-Büchener Bahn letztlich insgesamt 2 Millionen Mark.

Auf dem Gelände des alten Friedhofs von St. Georg entstand 1902–1906 der Hamburger Hauptbahnhof

Detail der fachwerkartigen Eisenkonstruktion

Die Wandelhalle im Bau

Am 5. Dezember 1906 fand die feierliche Eröffnung statt. Blick in die fertige Wandelhalle

Blick vom Glockengießerwall auf die noch nicht vollendete Fassade des Bahnhofs

Hamburg Hauptbahnhof – die Eisenbahnbetriebsanlage

In der Eisenbahn-Bau- und Betriebsordnung heißt es: »Ein Bahnhof ist eine Bahnanlage mit mindestens einer Weiche, wo Züge beginnen, enden, kreuzen, überholen oder mit Gleiswechsel wenden dürfen.« Mit diesen Minimalansprüchen kann sich ein Hauptbahnhof natürlich nicht zufriedengeben. Im Hauptbahnhof Hamburg zählt man 265 Weicheneinheiten im Fernbahnbereich und 25 Einheiten bei der S-Bahn. Er ist ein Personenbahnhof, in Durchgangsform errichtet, mit einem angegliederten Abstellbahnhof für Personenwagen (abgekürzt: Hbr). Der eigentliche Fernverkehr ist vom elektrischen S-Bahnbetrieb sowohl organisatorisch wie betrieblich getrennt. Für den S-Bahnverkehr sind die Gleise 1–5 (ab 1983 Gleis 1–4) vorgesehen, während die Gleise 6–14 (ab 1983 Gleis 5–14) dem Fernverkehr dienen. Da es keinen artreinen S-Bahnverkehr auf der Linie S4 (Richtung Ahrensburg) gibt und die Züge der S3 (Richtung Harburg) voraussichtlich noch bis 1983 (Stand: 1981) auf den Ferngleisen fahren, werden diese nicht besonders aufgegliedert, zumal die Zielpunkte der Züge oftmals weit außerhalb des HVV-Bereiches liegen.

Baulich gesehen ist der Hauptbahnhof ein Trennungsbahnhof mit einem östlichen und westlichen Teil. Im Ostteil liegen die Gleise der elektrischen S-Bahn und die beiden Gleispaare der Berliner und der Lübecker Strecke. Der Ostteil umfaßt die Bahnsteiggleise 1 bis 8. Vom westlichen Flügel getrennt wird die genannte Gruppe durch die Gleise 9 und 10, die nur zum Teil Bahnsteigkanten besitzen, aber keine gleisfreien Treppenzugänge. Sie sind dem Rangier- und Güterzugverkehr vorbehalten. Der Westflügel umfaßt die Gleise 11 bis 14. Von dort aus erschließt der Hauptbahnhof den Süden, und zwar mit einem Gleispaar (über Harburg) in Richtung Hannover, Bremen und Cuxhaven. Es sind dies die sogenannten Personenzuggleise, die auf einem Viadukt den Hauptgüterbahnhof (der alte Hannoversche Bahnhof) kreuzungsfrei überspannen. Ein weiteres Gleispaar (die Güterzuggleise) verbindet zwar auch Harburg mit den schon genannten Ausstrahlungen nach Süden, Westen und Cuxhaven, es durchfährt aber den Hauptgüterbahnhof und hat dort über eine Spitzkehre Anschluß an die Güterumgehungsbahn über Rothenburgsort–Barmbek–Eidelstedt. Vom Norden münden in den Hauptbahnhof die Fernstrecken von Kiel, Flensburg und Westerland ein, die über Altona oder aber auch bei Bedarf unter Umgehung von Altona direkt über Langenfelde/Abzweigstelle Rainweg kommen.

Die Streckengleise bis Altona und bis zum Güterverkehrs-Knotenbahnhof Eidelstedt sind vom Süden her elektrifiziert worden, ebenso die Güterumgehungsbahn über Barmbek. Die Elektrifizierung begünstigte dank der größeren Zugkraft die Bildung längerer Reisezüge. Ein Reisezug mit 12 bis 13 Wagen war vordem das Maximum, wonach auch die Bahnsteiglängen im DB-Bereich bemessen waren. Nach einem besonderen Arbeitsprogramm waren zunächst die Bahnsteige der Schnellzugstationen verlängert worden, erst dann konnten die Fernzüge auf eine Länge bis zu 15 Wagen gebracht werden, wobei heute der »normale« Fern-Reisezugwagen 26,4 Meter lang ist. Je nach Bedarf und technischer Möglichkeit wurden die Bahnsteige auch im Hauptbahnhof verlängert, so daß heute 353 bis 429 Meter nutzbar sind, das heißt, es könnten bis zu 16 Wagen ordnungsgemäß am Bahnsteig durch die Reisenden betreten werden. Die Fernbahnsteige haben eine Höhe von 76 cm, die Dienst-/Gepäckbahnsteige von 25 cm.

Als Besonderheit sind die Abstellgruppe Hbr (auch Abstellbahnhof genannt) und der Postbahnhof zu nennen. In der Abstellgruppe werden Reisezugwagen abgestellt, gewartet und gepflegt und Umbildungen vorgenommen. Insgesamt sind im Hamburger Hauptbahnhof 373 Reisezugwagen beheimatet (Stand: Winterfahrplan 1980/81). Der zehngleisige Postbahnhof (Hühnerposten) mit 457 Metern nutzbarer Gleis- und 451 Metern Bahnsteiglänge hat seine alte Bedeutung nach dem Bau der modernen Postanlage am Kaltenkircher Platz in Altona verloren. Einstmals wurden nur hier die in Hamburg beginnenden oder endenden Postwagen für den Reisezugdienst be- oder entladen.

Die durchschnittlichen Tagesbelastungen des Hamburger Hauptbahnhofes:

Jahr	Reisezüge	Fernverkehr insgesamt	S-Bahnzüge	Gesamtzugzahl
1907	152	218	189	407
1926	278	366	404	770
1931	439	691	489	1180
1939	330	595	518	1113
1941	326	605	488	1093
1949	375	540	344	884
1952	510	700	404	1104
1955	570	820	408	1228
1980	560	820	891	1711
1981	560	820	860	1680

Hamburg Hauptbahnhof
– der Verkehrsmarkt

»Wenn jemand eine Reise tut, so kann er was erzählen.« Davon wußte schon Matthias Claudius in »Urians Reise um die Welt«. Eine Fahrkarte, jenes kleine Ding aus Pappe oder Papier, am Ende einer Fahrt oft achtlos fortgeworfen, könnte von so manchem Schicksal berichten. Aber nur einige davon haben einen Ehrenplatz im Fotoalbum gefunden, ein beliebtes Reisesouvenir. Im Hamburger Hauptbahnhof zählt man täglich 60000 Reisende, die mit Fernzügen ankommen oder abfahren und 145000 S-Bahnfahrgäste. Zu diesen 205000 Menschen kommen noch die zahlreichen Begleiter, Besucher des Bahnhofsrestaurants und Einkäufer in der Ladenstraße in der Wandelhalle – insgesamt etwa 5000 Personen.

Gepäckträger auf dem Hamburger Hauptbahnhof

Hinzu sind zu zählen die in den Stationen Hauptbahnhof-Süd und Hauptbahnhof-Nord der U-Bahn ein- und aussteigenden 132000 Fahrgäste, so daß global gesehen der Hamburger Hauptbahnhof mit täglich 342000 Menschen zu den belebtesten Plätzen der Erde zählen dürfte.

Interessant ist auch, wie viele sich im Hauptbahnhof eine Fahrkarte kauften:

Anzahl der verkauften Fahrkarten durch die Fahrkartenausgabe Hamburg Hbf

Jahr	Fernverkehr	Stadt- und Vorortbahn (seit 1938 S-Bahn)
1907	3673240	(in der Gesamtsumme)
1925	9400700	(in der Gesamtsumme)
1930	3650000	7715200
1950	2326380	8626510
1955	2891060	7900000
1979	2495100	(HVV-Verkehr)

Die Bedienung an den Fahrkartenverkaufsschaltern hat im Hauptbahnhof schon so manchen Wandel erfahren. Vielleicht erinnern sich noch ältere Mitbürger daran, daß früher der Verkauf nach Richtungen getrennt war. An einem Schalter gab es nur Fahrausweise in Richtung Berlin, an anderen nur nach Köln, Frankfurt, Flensburg oder Lübeck. An anderen Schaltern mußten sich allein die Soldaten anstellen und wer besonders billig reisen wollte, ging zum Schalter für die vierte Wagenklasse. (Heute kann man ein solches Splitting nur noch in den Flughäfen beobachten.) So kam es oft zu Situationen, daß sich an bestimmten Schaltern lange Schlangen bildeten, während die anderen verwaist waren, namentlich im Bäderverkehr oder zur Zeit der Heideblüte. Die

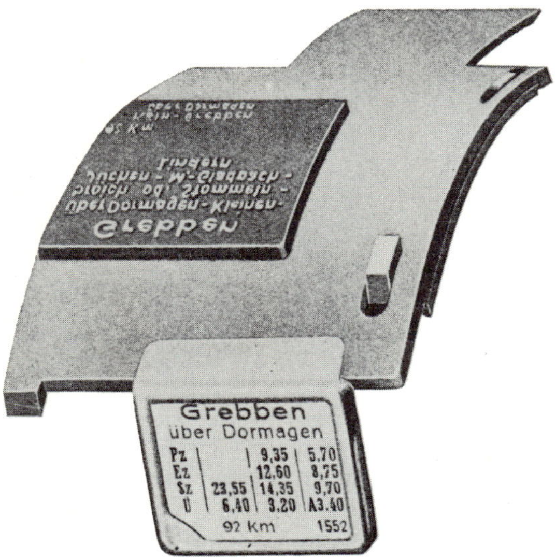

Druckplatte eines Pautze-Druckers für Fahrkarten

Gründe waren einfach die, daß es damals nur fertig gedruckte Fahrkarten in Spezialschränken gab und dafür war der Raum beschränkt, die Abrechnung mußte überschaubar sein. Schon vor dem Ersten Weltkrieg waren im Hauptbahnhof die ersten Fahrkartendruckmaschinen im Einsatz, etwas schwerfällig und schwierig in der Handhabung, aber sie zeigten den Fortschritt. Dann kamen die Pautzedrucker auf, die bis zu 1700 Fahrkarten in der Stunde allen Wünschen Reisewilliger entsprechend drucken konnten. Doch die Zeit blieb nicht stehen. Auch in diesem Bereich hat nun der Computer Einzug gehalten. Seit 1980 stehen 12 Fahrkartenausgaben im Bereich der DB im Großtest mit MOFA (Modernisierter Fahrausweis-Verkauf). Und alle großen Hamburger Bahnhöfe sind dabei: Hauptbahnhof, Dammtor, Altona und Harburg. Insgesamt ersetzen innerhalb der 12 Bahnhöfe 318 Datenstationen die herkömmlichen Fahrkartendrucker. Was dabei herauskommt ist nicht von Pappe, sondern einfach ein Legitimationspapier, auf dem in Computerschrift alles ersichtlich ist, was für Fahrgast und Prüfdienst von Interesse ist. Alle Datenstationen sind mit einem Rechner verbunden, der über sogenannte Diskette mit allen Angaben gespeist wurde. Immerhin gibt es gegenwärtig im Eisenbahnverkehr 400 (in Worten: vierhundert) verschiedene Fahrkartenarten, die über eine Zahlenkombination für den Zielbahnhof und sechs weitere Daten von MOFA einfach geschluckt werden. Ein Sichtgerät zur Kontrolle für die Schalterkraft gibt die letzte Sicherheit für die Eingaben, und lautlos und in Sekundenschnelle ist die Fahrkarte ausgabebereit. Bis 1984 sollen 350 Bahnhöfe der DB mit MOFA ausgerüstet sein. Über MOFA werden durch die Hamburger Terminals 8000 Bahnhöfe der DB und 3000 Strecken außerhalb ihres Bereiches bis nach Istanbul oder Moskau erfaßt.

Fahrausweise für den Nahbereich bis zu 50 km können auch aus neuartigen Automaten entnommen werden, so daß sich ein Anstehen am Schalter umgehen läßt. Die Automaten für Bahnsteigkarten und die Fahrkartenknipser wird man allerdings heute vergeblich suchen; im Jahre 1893 in Deutschland allgemein eingeführt, sind die Bahnsteigsperren im Zuge der Rationalisierung in den Jahren 1967/68 verschwunden. Bis auf den HVV-Bereich sind die Bahnsteige jetzt für jedermann auch ohne »Legitimationspapier« zugänglich.

Gemessen an der zentralen Bedeutung des Hamburger Hauptbahnhofes für die Region ist auch das

Aufkommen von Reisegepäck und Expreßgut immens hoch. Die Gepäck- und Expreßgutabfertigung Hamburg Hbf (so heißt diese Dienststelle der DB amtlich) ist die größte ihrer Art in Norddeutschland. Innerhalb von 24 Stunden werden dort im Schnitt 1700 Sendungen zum Versand gebracht und etwa die gleiche Menge für Hamburger Adressaten empfangen. In Spitzenzeiten ist die Menge doppelt so hoch. Das Gesamtvolumen verteilt sich in Form einer ladedienstlichen Behandlung von 240 Reisezügen mit rund 300 Gepäckwagen und 12 speziellen Expreßgutzügen. Mit Hilfe von etwa 1000 Gepäckkarren, die jeweils einen Laderaum von 5 m^3 haben, wird der Verkehrsstrom zwischen den Lagerhallen und den Bahnsteigen in unablässiger Folge bewältigt. In einem Sortierraum sind außerdem noch rund 12000 Stücke Expreßgut und Reisegepäck umzuladen. Es sind das alle Sendungen, die im Hauptbahnhof »umsteigen« müssen. Daß die Räumlichkeiten bei weitem nicht ausreichen, und auch ein zweigeschossiger Ausbau in den zwanziger Jahren nur vorübergehende Abhilfe schaffte, mag bei der erfreulich permanenten Zuwachsrate verständlich erscheinen. Hier wird bei den zukünftigen Umbauarbeiten gewiß Abhilfe zu erwarten sein.

Die Jahresleistungen im Expreßgutverkehr (Versand) Hamburg Hbf

1914	6000 Stück	1952	1415650 Stück
1920	60000 Stück	1955	1642000 Stück
1925	225000 Stück	1979	1456050 Stück
1930	540000 Stück		

Noch immer gibt es im Hauptbahnhof einen Berufszweig, den man schon durch die in den fünfziger Jahren Zug um Zug in den Bahnhöfen der DB eingeführten Kofferkuli verdrängt geglaubt hat – den Gepäckträger. Zur Zeit stehen acht Gepäckträger in zwei Schichten zur Hilfeleistung bereit, erkennbar an ihren grünen Jacken und der Mütze mit ihrem Nummernschild. Ausgestorben dagegen ist im Hauptbahnhof der Dienstmann, eine einstmalige Einrichtung auf Privatbasis. Die Dienstmänner trugen rote Mützen und standen am Eingang Kirchenallee; der Gepäckträger hat seinen Stammplatz im Eingangsbereich Glockengießerwall. Dort fand man auch bis 1960 den Schuhputzer mit seinem Arbeitsstuhl.

Natürlich gibt es im Hauptbahnhof noch eine Handgepäckaufbewahrung, doch sie ist heute nur noch wenig gefragt; dafür werden über 9000 Gepäckschließfächer eifrig genutzt. Man sieht, der Mensch der Gegenwart hat sich schon längst an eine mechanisierte, automatisierte Welt – auch in einem Bahnhof – gewöhnt.

Intercity – mehr als ein neuer Zug der Bahn

Es wäre fatal für das Großunternehmen DB, wenn es nicht den Wandel durch Anpassung an den Markt realisieren würde. War schon die Einführung der blauen F-Züge im Jahre 1951 ein Schritt in die Zukunft, so feierte Europa im Jahre 1957 das TEE-Netz als Sprung über die Grenzen. Aus der Praxis des F-Zugbetriebs und dem sich später überlagernden TEE-System kamen schließlich die Anstöße, endlich ein neuartiges Angebot aus einem Guß zu schmieden. »Deutschland im Zweistundentakt«, das war die Werbebotschaft von 1971, die aufhorchen ließ. Was steckte dahinter?

Nachkriegsbedingt durften die Züge allgemein bis 1957 nur mit einer Höchstgeschwindigkeit von 135 km/h fahren, danach mit 140 km/h und erst ab 1968 waren 160 km/h erlaubt. Damit war endlich wieder der fahrplantechnische Gleichstand zu jener Schnelltriebwagenperiode der dreißiger Jahre erreicht, die am 15. Mai 1933 mit der ersten fahrplanmäßigen Fahrt des »Fliegenden Hamburgers« begann und durch den Ausbruch des Krieges jäh gestoppt wurde. Einerseits war nun technisch der Weg frei für einen Schnellverkehr mit 160 km/h, andererseits versprach der Zuspruch der Erste-Klasse-Fahrgäste im F- und

Das IC-Liniennetz von 1971

TEE-Verkehr die Nutzung eines neuen, besseren Angebotes. (Die Zunahme in der 1. Klasse betrug 1970 gegenüber dem Vorjahr 14%.) Diesen lukrativen Marktanteil wollte die DB auf jeden Fall halten und gar durch offensive Strategie steigern. Zur Wahl standen damals zwei Lösungen:

1. Verdichtung des vorhandenen Netzes der TEE- und F-Züge,
2. Neuaufbau eines Netzes langläufiger Schnellverbindungen, das im regelmäßigen Rhythmus auf den großen Hauptlinien betrieben wird und das die bestehenden TEE- und F-Zugsysteme absorbiert.

Die Entscheidung fiel auf den zweiten Vorschlag, der sowohl wegen seiner Netzplanung als auch einer sensationellen Neuerung bestach – dem Taktfahrplan im Eisenbahn-Fernverkehr. In den Niederlanden und in der Schweiz waren Quasi-Taktfahrpläne seinerzeit schon in der Erprobungsphase, sie sollten auch in der Bundesrepublik gelingen. Das IC-System startete am 26. September 1971 unter dem Motto »Deutschland im Zweistundentakt«. Alle Züge führten nur die erste Wagenklasse. Das Gesamtangebot zerfiel in vier Linien mit insgesamt 3700 Linienkilometern. Hamburg war Start- und Zielpunkt der Linie 1 nach München über Bremen, Ruhrgebiet, Stuttgart und der Linie 3 nach Basel über Hannover, Frankfurt. Infolge der starren Konzeption ergab sich außer auf den Direktverbindungen der vier Linien eine große Anzahl fast gleichwertiger Umsteigeverbindungen, so daß 33 Städte in 528 Verbindungen untereinander verknüpft wurden. Wie schwierig ein solches Unterfangen war, wird daraus deutlich, daß allein im Reisesektor der DB außerdem 600 doppelklassige D-Züge und 2000 Eilzüge pünktlich unterwegs sein sollten. Aber trotz aller Skepsis wurde der IC-Verkehr zum eindrucksvollen Erfolg. Alle Züge erhielten Namen, und wie die TEE-Züge bekam der IC ein Markenzeichen. Zum Einsatz kamen die elektrischen Lokomotiven der Baureihe 103 und klimatisierte Reisezugwagen. Die alte Streitfrage, ob Triebwagen oder lokbespannte Züge sich besser für einen Systemverkehr eignen, wurde elegant gelöst. In Form eines Langtestes formierte sich der ET 403 (bis 1979) in das IC-Netz. Obwohl bestechend in seinem Design, überwogen die Nachteile gegenüber dem lokbespannten Zug.

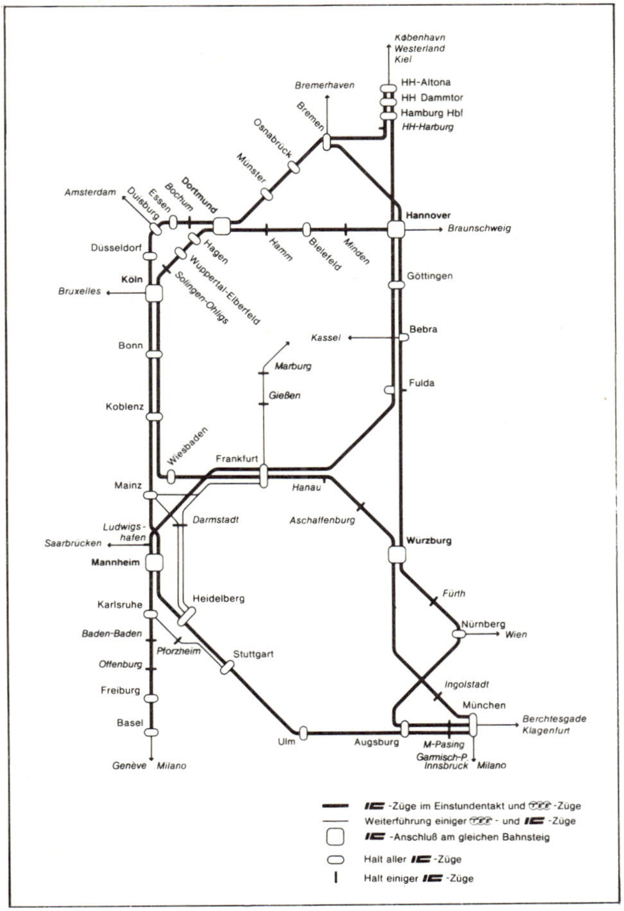

Das IC-Liniennetz von 1979

Mit Beginn des Sommerfahrplans 1973 erhielt das Vier-Linien-Netz eine Ergänzung durch das sogenannte IC-B-Netz. Es handelte sich um zweiklassige Züge, die zum Teil auch die Bezeichnung ID führten. Sie stellten die Verästelung zu dem Hauptnetz mit einem Mindestangebot von drei Doppelfahrten am Tag zu den IC-Stationen dar. Die Linien 11 bis 18 waren das eigentliche Ergänzungsnetz, die Linien 21 bis 28 galten als Anschlußfahrten. Im Raum Hamburg verkehrten die Linie 23 als »Förde City« zwischen Kiel und Altona/Hauptbahnhof und die Linie 24 »Hansa City« zwischen Lübeck und Hamburg Hauptbahnhof. Ein vorzügliches, ausgeklügeltes Angebot, und doch war es nur eine Vorstufe zu dem großen Volltreffer der DB, dem »Intercity 79«.
Marktuntersuchungen ergaben, daß der Verkehrsmarkt sich seinerzeit besonders stark wandelte (Vermehrung des Autobahnnetzes, steigende Autozahlen, Verdichtung des innerdeutschen Flugplanes), der Eisenbahnverkehr jedoch keine neuen Impulse für das Gros seiner Kundschaft aussandte. Das IC-System 71 brachte zwar einen hervorragenden Imageerfolg für die DB, auf Dauer jedoch konnte der Hauptanteil von 87 % der Reisenden in der zweiten Wagenklasse nicht vernachlässigt werden. Schnelligkeit, Häufigkeit des Angebotes, Direktverbindungen, Komfort und Service, das waren die in der Marktstudie immer wieder genannten Kundenwünsche. Geht man davon aus, daß Intercity 71 nur die 1. Klasse im Zweistunden-Rhythmus anbot, so war die Strategie zur Umwerbung des Geschäftsreisenden richtig. Jetzt mußte es darum gehen, dem großen Potential des Privat- und Urlaubsverkehrs 2. Klasse den Intercity-Komfort zukommen zu lassen. Das erwartete Nachfragevolumen bedingte die Verdichtung von der zweistündigen rhythmischen Zugfolge zum Ein-Stunden-Takt. In einer Vorphase fuhren ab 28. Mai 1978 zwischen Hamburg und Köln die IC mit zwei Wagenklassen im Ein-Stunden-Rhythmus. Aus dem Versuch konnten wertvolle Erfahrungen gewonnen werden. Erwähnt sei nur die Notwendigkeit der »Blockbildung«, um die Platzsuche zu erleichtern, und die Stellung des Speisewagens in der Mitte des Zuges. Ohne großen Werbeaufwand nahm die Fahrgastzahl während der Testzeit um 6,4 % zu.
Am 27. Mai 1979 ertönte erstmals der Abpfiff für »Intercity 79 – jede Stunde jede Klasse«. Die Fahrt begann. Etwa 75 IC-Züge täglich waren es, als das System mit seinen rund 22 % kürzeren Reisezeiten schon 1971 Gewinne einfuhr. Jetzt gab es plötzlich 152 Züge auf vier Magistralen mit einem Strecken-

netz von 3100 km. Und das Experiment gelang auf Anhieb! Die Verkehrssteigerung betrug 12%, die Nachfrage ist auch 1981 ungebrochen. Wie ausgeklügelt das IC-Netz ist, besagen folgende Zahlen: Bei der DB werden 14500 Streckenkilometer von Fernreisezügen befahren, davon bilden die oben genannten 3100 km das Netz der vier IC-Linien. Das sind 21% des Fernreisezugnetzes; auf diesen Anteil entfallen 74% der Nachfrage.
Soweit es die Strecken zulassen, wird die Höchstgeschwindigkeit von 200 km/h gefahren (z.B. partiell auf der Strecke Hamburg–Hannover). Durch Beschränkung auf die wichtigsten Haltebahnhöfe gelingt es, die Reisezeit auf über 100 km/h zu halten. Die Zahl der Systemhaltebahnhöfe für IC-Züge wurde auf 33 festgelegt. Durch diese Bahnhöfe werden 55% der Reisenden auf den IC-Strecken bedient. Bis 1985 will die DB insgesamt 450 klimatisierte Großraumwagen 2. Klasse in ihren IC-Park einstellen. 40 klimatisierte Großraumwagen sind bereits im Einsatz. Diese Wagen sind in Hamburg-Altona beheimatet und werden von dort aus einer Betriebserprobung in IC-Zügen ausgesetzt.
So euphorisch der IC-Verkehr auch gefeiert werden mag, er wird gewiß nicht die letzte Stufe einer modernen Eisenbahn der Zukunft sein. Vorbedingungen zu weiteren Verbesserungen können aber nur die Begradigung der Strecken und die Verwirklichung der schon seit geraumer Zeit anstehenden Neubaustrecken für einen Schnellstverkehr sein, so wie er schon heute in Frankreich, England und Italien möglich ist.

Moderne Eisenbahn heute und morgen

In rascher Fahrt nähern sich die deutschen Eisenbahnen ihrem 150. Geburtstag. Eine lange Zeit, eine wahrhaft bewegende und bewegte Epoche der Menschheit darf heute mit Fug und Recht als das »Eisenbahnzeitalter« bezeichnet werden. Die Eisenbahn ermöglichte das Industriezeitalter, formte die Industriegesellschaft. Die für die Gegenwart unerläßliche Mobilität nahm mit dem Eisenbahnverkehr ihren Anfang. Ungestüm und unangefochten brach sie sich bis zum Ersten Weltkrieg ihre Bahn. Wenige Zahlen mögen das beweisen:
Die Streckenlängen der deutschen Eisenbahnen betrugen

1835	6 km	1890	41495 km
1840	500 km	1913	63794 km
1870	18805 km		

Der Bilanzüberschuß im Jahre 1913 betrug 1,07 Mrd. Mark. Der Erste Weltkrieg machte aus diesem gesunden Unternehmen einen gebeutelten, zerschundenen Betrieb, seiner letzten Reserven beraubt. Etwa 7900 km des Streckennetzes mit allen Anlagen gingen mit den abgetretenen Gebieten an Nachbarstaaten verloren; als Reparationen waren außerdem an die Siegermächte 8000 Lokomotiven, 13000 Personenwagen und 280000 Güterwagen abzuführen. Ein schlimmer Aderlaß, zumal die besten Stücke ausgewählt wurden. Wie eine Erlösung sahen die Länder im Deutschen Reich den am 1. April 1920 vollzogenen Übergang ihrer nun stark defizitären »Ländereisenbahnen« auf das Reich an. Der Kaufpreis von 39 Mrd. Mark wurde nie bezahlt, denn die Reichseisenbahnen steckten ebenso wie die Gesamtwirtschaft in einer schweren finanziellen Krise. Es folgten die Jahre der Inflation. Kaum waren diese vergangen, griffen die Alliierten zu und pfändeten im Jahre 1924 die deutschen Eisenbahnen (jetzt Reichseisenbahnen) zur Sicherstellung ihrer Reparationsforderungen. Seit jenem Jahre führten die deutschen Eisenbahnen den Namen »Deutsche Reichsbahn-Gesellschaft«, blieben aber ein mittelbares Unternehmen des Reiches. Obwohl verpfändet und gesetzlich verpflichtet, den Betrieb sicher zu führen sowie Anlagen und Fahrzeuge in guten Zustand zu versetzen und gleichzeitig eine jährliche Reparationssteuer in Höhe von 660 Mio. Mark zu bezahlen (bis 1932),

Dr.-Ing. E.h. Julius Dorpmüller (1869–1945), seit 1926 Generaldirektor der Deutschen Reichsbahn

geschah das Unglaubliche: die Deutsche Reichsbahn-Gesellschaft erfüllte alle Forderungen. In vorbildlicher Weise wurde unter Leitung des unvergeßlichen Julius Dorpmüller wieder eine Bahn geschaffen, die in der ganzen Welt Beachtung fand. Der Höhepunkt mag nicht nur symbolisch der »Fliegende Hamburger« gewesen sein, mit dem das erste gut funktionierende Schnellverkehrsnetz seinen Anfang nahm.
Insgesamt erwirtschaftete die Reichsbahn-Gesellschaft in den zwölf Jahren ihres Bestehens (1925–1936) einen Überschuß von über 5,3 Mrd. Mark. Aus diesen Überschüssen führte sie von 1925 bis 1931 4,2 Mrd. Mark an Reparationsleistungen an die Alliierten ab, eine weitere Milliarde erhielt die Reichskasse. Trotzdem konnte sie ihren Anlagenwert um über 2,5 Mrd. Mark erhöhen.

Eckwerte, die die Entwicklung der Deutschen Reichsbahn-Gesellschaft darstellen:

	1925	1930	1935
Bevölkerungszahl (in Mio.)	63,1	65,1	66,9
Betriebslänge (in km)	52768	53844	54491
Zahl der Lokomotiven	28110	26176	27365
Beförderte Personen (in Mio.)	2106	1829	1611
Beförderte Gütertonnen (in Mio.)	409	400	452
Betriebsüberschuß (in Mio. Mark)	819	480	472

Die sogenannte Machtübernahme im Jahre 1933 brachte der Reichsbahn eine ahnungsvolle Zäsur. Der Stellenwert der Eisenbahn sank urplötzlich zugunsten des Autos und der Autobahnen, Hitlers Lieblingsidee. Da Basis und Geld fehlten, wurde die Reichsbahn-Gesellschaft veranlaßt, ihr technisches und administratives Know-how im Verein mit der Bereitstellung von 50 Millionen Reichsmark für den Bau der »Reichsautobahnen« abzutreten. Eine schizophrene Tat! Die Belange der Eisenbahn kamen ins Hintertreffen, zumal bald eine Verknappung von Stahl eintrat.
Was dann kam und speziell den Hamburger Raum betraf, wurde schon gesagt. Noch lange nach dem Ende des entsetzlichen Krieges säumten rund 10000 Lokomotiven und 100000 Güterwagen zerstört oder schwer beschädigt die behelfsmäßig hergestellten Streckengleise.

Allein die Verluste an baulichen Anlagen betrugen im Gebiet der Bundesrepublik:

4340 km Gleis	8600 Haupt- und Vorsignale
16800 km Weichen	
1900 Stellwerke	3150 Brücken

Mit dieser traurigen Bilanz begann die Eisenbahn auf sich selbst gestellt den neuen Anfang bei einem völlig veränderten Verkehrsmarkt. Wenn aus diesem Trümmerhaufen von damals die moderne Bundesbahn von heute entstanden ist, so mag es für viele Menschen eine recht wundersame Entwicklung sein. Real gesehen aber ist das, was sich uns heute darstellt, das Produkt eines die Zeichen der Zeit verstehenden Managements und der Eisenbahner insgesamt.

Erst beim Blick in den »Rückspiegel« ist die Systematik erkennbar, mit der trotz der enormen Finanzschwierigkeiten vorgegangen wurde:

- Eröffnung der Vogelfluglinie 1963
- Elektrifizierung der wichtigsten Strecken (1965 bis Hamburg)
- Trennung von der Dampflokomotive 1977
- Aufbau eines Intercity-Verkehrs in mehreren Stufen
- Reorganisation des Güterverkehrs mit der Inbetriebnahme von Maschen 1977/80

Heute steht die Deutsche Bundesbahn vor dem großen Brückenschlag zum ehemals schärfsten Mitbewerber innerhalb des Verkehrsmarktes, dem Auto. Sie ist dabei, eine längst überfällige Vernunftehe einzugehen, die um so dringender wird, je mehr die Energiefrage bestimmte Handlungsweisen diktiert.

Der Service »Auto im Reisezug« wird weiter an Bedeutung zunehmen. In völlig neue Bahnen aber steuert der sogenannte Kombiverkehr, die Beförderung von Lastkraftwagen per Bahn. Energie und Umweltschutz sind Komponenten, die von außen her auf eine »Koalition« Schiene/Straße drängen. Aber auch beide Partner sind heute geneigter als früher, einen gemeinsamen Nenner ohne Dirigismus zu finden. Daß dann aber bestimmte Voraussetzungen geschaffen sein müssen, ist verständlich. Zu nennen sind hier die technischen Möglichkeiten, die Preiswürdigkeit und die Schnelligkeit. Ein gravierendes Hindernis war bislang das Lademaß der Eisenbahn, das eine unkomplizierte Verladung eines Lkw nicht gestattete. Allein die Wechselbrücken (per Kran abnehmbare Aufbauten eines Lastwagens) und Sattelauflieger (von der Zugmaschine abtrennbare Ladeeinheiten) hatten eine Chance, das Lademaß einzuhalten, letztere nur über spezielle »Taschenwagen« zur Aufnahme der Hinterachse. Der große Durchbruch in technischer Hinsicht wird im Einsatz von Niederflurwagen auf der Schiene vom Typ »Rollende Autobahn« gesehen (Fachbezeichnung: Saadkms 690). Dieser von Talbot konstruierte Eisenbahnwaggon erlaubt bei einer Ladelänge von 18,6 Metern bei 42 Tonnen Tragfähigkeit die völlig problemlose Aufnahme eines vollständigen Lastzuges mit Anhänger. Hauptmerkmal der »Huckepack-Niederflurwagen« sind ihre außergewöhnlich kleinen Räder mit nur 30 cm Durchmesser. Sie ermöglichen eine entsprechend niedrige Ladefläche von nur 41 cm im beladenen Zustand. Damit kommen alle »Norm«-Lastwagen im Roll-on-Roll-off-Verfahren durch das kontinentale Eisenbahn-Lademaß. Die Verladung ist denkbar einfach. Die Lastwagen fahren über eine am ersten Wagen angelegte »Kopframpe« auf den Zug und verlassen ihn am Ziel ebenso wieder über eine entsprechende Rampe am anderen Ende. Die neuen Eisenbahn-Spezialwagen eignen sich für Geschwindigkeiten bis zu 120 km/h. Das ist schneller, als die Polizei auf den Autobahnen für Lastzüge erlauben kann.

In Hamburg hat sich der ehemalige Rangierbahnhof Rothenburgsort zu einem Zentralpunkt des Huckepackverkehrs entwickelt. Dabei muß gesagt werden, daß die neuen Niederflurwagen noch längst nicht den gesamten Lkw-Bahntransport bewältigen. Insgesamt

»Taschenwagen«, ein Spezialwagen zur Aufnahme von Wechselbrücken

Niederflurwagen »Rollende Autobahn«,

14% des Gesamtaufkommens (= 56880 Sendungen) bei der DB aus diesem Verkehrszweig werden in Rothenburgsort umgeschlagen, mit zunehmender Tendenz. Wie die Handelskammer Hamburg in einer 1980 durchgeführten Umfrage bei den Beteiligten ermittelte, sind weder Anlagen noch die Vorhaltung der Betriebsmittel immer zufriedenstellend. Diese Ergebnisse bestätigen das DB-Vorhaben, die Anlagen in Rothenburgsort beträchtlich auszubauen. Für die herkömmliche Verladung wird die Kranbahn um 100 Meter verlängert, ein vierter Kran wird 1981 aufgestellt. Noch für diese Verladeart bestimmt, werden gegenwärtig (Frühjahr 1981) 160 Taschenwagen und 100 Wechselbehälter-Tragwagen von der Industrie ausgeliefert. Bestellt und in Kürze einsatzbereit sind weitere 200 Niederflurwagen vom Typ »Rollende Autobahn«, so daß nach Erfüllung der Aufträge durch die Industrie 1700 Wagen für den Huckepackverkehr bereitstehen. Neben Rothenburgsort werden im Norden auch Lübeck-Skandinavienkai und Flensburg für Lastwagenverladung ausgerüstet. Rothenburgsort bleibt aber die größte Anlage, wie es sich für eine Handelsmetropole wie die Freie und Hansestadt Hamburg gehört.

Im Jahre 1979 beförderte die DB 214000 Huckepacksendungen mit insgesamt 4 Mio. Tonnen Fracht. Mit Kabinettsbeschluß von Juni 1978 erhielt die DB den Auftrag, die Infrastruktur und die Andienung für den Container- und Kombiverkehr so zu vervollkommnen, daß allein im Kombiverkehr bis 1985 mindestens 6 Mio. Tonnen pro Jahr auf der Schiene befördert werden. Damit sollen nicht nur die Autobahnen entlastet werden, vielmehr ist hier eine volkswirtschaftliche Tendenz deutlich erkennbar.

Wenn vom Kombinationsverkehr die Rede ist, dann darf der Container nicht vergessen werden. Der Container ist keine Wunderkiste, sondern ein »ausgelagerter Teil eines Schiffsraumes«. Nach der Ankunft im Hafen wird der Laderaum jedes Containerschiffes gewissermaßen in Einzelteile zerlegt. Betrachtet man diese Einzelteile allein für sich, dann gleichen sie dem Laderaum eines Eisenbahnwaggons oder eines Lastkraftwagens. Also doch eine Wunderkiste? In gewisser Weise ja, denn heute wissen wir, daß der Container, das Stück Schiff also, sich nicht nur weltweit ausgebreitet hat, daß damit eine völlig neuartige Umschlagform sich anschickt, die Hafenanlagen umzuformen, sondern daß auch innerhalb des Binnenverkehrs die Wunderkiste zu einem begehrten Transportgefäß geworden ist.

Dabei fing alles ganz »normal« an. Schon 1916 schickte die US-Army ihren Nachschub zur besseren Ausnutzung des Schiffsraumes in stapelbaren, genormten Kisten nach Übersee. Die verladende Wirtschaft hat diesen Coup nicht vergessen. Im Jahre 1933 gab es in Paris ein »Internationales Containerbüro«, aber an eine Entwicklung, wie wir sie heute erleben, dachte kein Mensch. Weder Schiffe noch Hafenanlagen waren dafür ausgerüstet. Im Zweiten Weltkrieg waren es wieder die Amerikaner, die den Container im großen Stil einsetzten, ausgereifter, standardisiert, mit Spezialschiffen. Der Container war »angekommen«, er überzeugte ebenso wie die Palette, die gleichzeitig von der US-Army ausging und heute im Stückgutverkehr nicht mehr wegzudenken ist.

Am 5. Mai 1966 legte die »Fairland«, das erste Vollcontainerschiff, in Bremerhaven an, das Containerzeitalter begann. Heute gibt es schon die dritte Generation von Containerschiffen mit einer Größe von 60000 Bruttoregistertonnen, das bedeutet eine Kapazität von 3000 Containern mit den Standardmaßen 20 und 40 Fuß.

Hamburg begann beschleunigt mit dem Ausbau von Waltershof als Container-Terminal. Inzwischen (1981) stehen die Zeichen für den Containerverkehr weiter auf Expansion. Im Weltverkehr fahren zur Zeit 500 Containerschiffe mit 600000 Stellplätzen, jeweils auf 20-Fuß-Container umgerechnet. Auf jeden dieser Plätze entfallen im Schnitt 4,6 Container. Im Bau befinden sich weitere 80 Containerschiffe, die eine Kapazitätserweiterung um 120000 Container bringen. Die entscheidenden Gründe für diesen Anstieg liegen sowohl in der zunehmenden Umstellung der Hafen/Hafen-Verkehre auf Haus/Haus-Verkehre als auch im Ausbau bestehender und neuer Landbrücken-Verkehre. Weltweit sind diese Strukturveränderungen mit 50 Milliarden Dollar bezahlt worden. Die DB hat in der Bundesrepublik einen entscheidenden Beitrag dazu geleistet. In ihrem Bereich hält sie zur Zeit 43 Container-Bahnhöfe vor, der größte Binnencontainer-Bahnhof im Norden befindet sich in Wilhelmsburg (1979: 20700 Container). Zwanzig der Container-Bahnhöfe sind zugleich als Huckepack-Bahnhöfe eingerichtet. Hinzu kommen noch 16 Umschlagplätze der DB-Tochter TRANSFRACHT sowie vier Seehafen-Terminals (siehe Waltershof). An mobilen Einrichtungen besitzt die DB 5600 Container-Tragwagen, dazu 4500 eigene Container, erkennbar an einem rotbraunen Anstrich.

Die Containerwelle hat auch den Hafen Hamburg erfaßt. Hier stieg der Containeranteil 1980 auf 40% des konventionellen Stückgutumschlages, gegenüber nur 25% im Jahre 1978. Die vorgesehene Spezialisierung auf nur bestimmte Terminals im Hafen ist nicht mehr möglich, und man fragt sich, ob Hafenschuppen weichen müssen, um Platz für die großen Kisten zu schaffen, denn ein Ende der Entfaltung ist nicht zu erblicken. 1980 wurden hier 783300 TEU (Container auf 20-Fuß-Basis) umgeschlagen, 23% mehr als im Vorjahr. Etwa 100 Containerdienste verbinden den Hafen Hamburg mit allen Kontinenten. Aber nicht von ungefähr konzentriert sich dieser Verkehr auf Hamburg. Schon stehen hier 2 Mio. Quadratmeter ausgebauter Fläche für Behandlung und Lagerung bereit. Zwanzig Containerbrücken sorgen für schnelles Ent- und Beladen der teuren Spezialschiffe. Mit 60 Portalhubwagen (straddle carriers) werden die großen Kisten bewegt.

An dieser Stelle mag ein Vergleich mit dem Hafen Kiel angebracht sein. Dort verdreifachte sich der

Containerumschlag im Jahre 1980 auf 5793 TEU gegenüber dem Vorjahr. Dieser Achtungserfolg gründet auf einer Containerlinie zwischen Tallin (Reval) und Kiel, die in regelmäßigem Rhythmus den Anschluß via Transsibirische Eisenbahn mit Ostasien vermittelt.

Die DB ist im Containerverkehr der wichtigste Partner des Hafens. Die Zahl der im Schienenvor- und -nachlauf beförderten Überseecontainer ist in der ersten Jahreshälfte 1980 um 14,3% gegenüber dem gleichen Zeitraum des Vorjahres gestiegen (entsprechend 23% mehr im Gesamtaufkommen, siehe oben). Mit rund 80% aller im Fernbereich transportierten beladenen Container ist die DB auch hier der eindeutig führende Verkehrsträger.

Der Landtransport der Überseecontainer wird in naher Zukunft noch schneller sein. Die Großumschlagplätze in den Zentren der Wirtschaftsräume in der

Containerverladung im Hamburger Hafen

Bundesrepublik werden durch ein neuartiges Schnellgüterzugnetz (in Fachkreisen das »grüne« Netz genannt) miteinander verbunden. Container und Huckepacksendungen werden die bevorzugten Elemente dieser 120 km/h schnellen »Intercityzüge« im Güterverkehr sein. In Hamburg ergibt sich für das grüne Netz eine besondere Konstruktion, weil das Sammeln und Verteilen in verschiedenen Arealen geschieht: der Huckepackverkehr in Rothenburgsort, der Binnencontainerdienst in Wilhelmsburg, dagegen der Übersee-Containerservice neben Waltershof auch in den verschiedensten Hafenbezirksbahnhöfen. Um dennoch zielreine Züge des eilbedürftigen und wettbewerbsgefährdeten Gutes zu garantieren, erfolgt das Sammeln (und Verteilen) im Güterbahnhof Harburg.

Baustelle Hammerbrook für die S-Bahn nach Harburg, Zustand 1979

Die Eisenbahn in Gegenwart und Zukunft kann nur so leistungsstark sein wie ihre Infrastruktur. Es wäre ein Anachronismus, ein Versagen der Ingenieure unserer Zeit, wenn in einer Epoche der Automation gerade das Verkehrsmittel, das sich von seiner ganzen Konstruktion her wie kein anderer Wettbewerber zur Automation und zum Computer gesteuerten Betrieb eignet, nicht qualitativ und quantitativ bessere und höhere Verkehrsleistungen umweltfreundlicher und energiesparender anbieten würde. Dazu sind aber auch verbesserte Schienenwege absolute Voraussetzung. Man kann auf den gewundenen Schienen-Chausseen des vergangenen Jahrhunderts nicht einen Wettbewerb mit großzügigen Autobahntrassen unseres Jahrhunderts betreiben und gleichzeitig der Volkswirtschaft vorzaubern, man sei das

Der Umbau des Bahnhofes Altona, Zustand 1978

Verkehrsmittel des 21. Jahrhunderts. Sowohl die Beseitigung einzelner meist topographisch bedingter »Langsamfahrstellen« in Hauptabfuhrstrecken (also Begradigungen) wie auch der wirtschaftlich sinnvolle Bau von Ergänzungsstrecken nach neuzeitlichen Trassierungsgrundsätzen, müssen vorangetrieben werden. Sogenannte Bürgerinitiativen sollten vom Gesetzgeber in die Schranken gewiesen werden, geht es doch um unsere Wirtschaft schlechthin.

Der forcierte Ausbau ist auch in dem Bundesverkehrswegeplan (BVWP) 1980 fortgeschrieben, eine Maßnahme der Bundesregierung, die mit Beginn der siebziger Jahre endlich auch die Belange der Eisenbahn gleichberechtigt mit den anderen Verkehrsträgern berücksichtigt. Im Raum der Bundesbahndirektion Hamburg gehören zu den für die Jahre 1981 bis 1990 vordringlich angestrebten Maßnahmen die Strecken Hamburg–Hannover und Hamburg–Bremen, die für eine Höchstgeschwindigkeit von 200 km/h voll ausgebaut werden sollen. Zur Verbesserung der Leistungsfähigkeit wird außerdem zwischen Buchholz und Rotenburg (auf der Bremer Strecke) ein zusätzliches drittes Gleis gebaut. Die Wichtigkeit der Südlichen Umgehungsbahn ist unbestritten. Auch diese Bahn ist im BVWP genannt. In zwei Stufen (mittel- und längerfristig) soll die Strecke Maschen –Lehrte dreigleisig werden. Der zweigleisige Ausbau der Vogelfluglinie zwischen Bad Schwartau und Puttgarden (außer Fehmarnsundbrücke) soll den Verkehr nach Skandinavien verbessern. Diverse andere Baumaßnahmen werden der Sicherheit und der beschleunigten Zugabfertigung dienen.

Im Hamburger S-Bahnverkehr geht die Harburger Strecke ihrer Vollendung entgegen, die Abzweigung nach Pinneberg wird vollends zweigleisig. Eine Verlängerung der Linie S2 bis Elmshorn, dem Endpunkt der Aufbauachse, wird auf Dauer sowohl aus betriebswirtschaftlichen wie gemeinwirtschaftlichen Gründen unumgänglich sein. Ausschlaggebend für den Weiterbau ist neben der Finanzierung nach dem Gemeindeverkehrsfinanzierungsgesetz (GVFG) eine Einigung mit dem Land über eine solide Unterstützung dieses Projektes.

Wer »Hamburg« sagt, denkt dabei auch an den Hafen, und hier schlägt – das sei an dieser Stelle nochmals gesagt – das Herz der Wirtschaftsregion Hamburg. Im Jahre 1979 wurden 63 Mio. Tonnen Seegüter geladen oder gelöscht. Es gibt keine Kaianlage, keinen »Stapelplatz«, der ohne Gleisanschluß ist. Über die Hafenbahn sind 1979 rund 24 Mio. Tonnen bewegt worden. Allein im Zu- und Ablauf des Hamburger Hafens werden werktäglich bis zu 183 Güterzüge gefahren (Stand März 1980). Insgesamt ist Hamburg Schnittpunkt für 278 Güterzüge täglich, davon 78 TEEM und Schnellgüterzüge.

Um auch in Zukunft der Hafenwirtschaft eine optimale Andienung zu bieten, wird die Hafenbahn-Infrastruktur ständig den Erfordernissen angepaßt. Gegenwärtig wird der kleine Bahnhof »Alte Süderelbe« für den Ganzzugverkehr ausgebaut mit einem Direktanschluß an die Cuxhavener Strecke bei Hausbruch, eine förderliche Maßnahme, die auch dem 1977 entstandenen Massenguthafen »Hansaport« zugute kommt. Im übrigen wird zur besseren Bewegung der Massenguttransporte umfangreiches Gleispotential benötigt. Hierfür und für Dispositionszwecke des Hafenbahnhofes Hohe Schaar, wo Kali, Getreide und Mineralölprodukte umgeschlagen werden, würden sich Teile des alten Rangierbahnhofes Wilhelmsburg hervorragend eignen. Verhandlungsgegenstand ist das komplette Nord-Süd-System des zweiseitigen ehemaligen Rangierbahnhofes, das an die vom Hamburger Staat betriebene Hafenbahn abgetreten werden könnte.

So erfreulich die zukunftsweisenden Tendenzen der vorstehend genannten Projekte auch sind, so bedauerlich nimmt sich der gegenwärtige Zustand der eigentlichen Zitadelle des Eisenbahnschwerpunktes Hamburg aus. Der Hauptbahnhof, im Jahre 1981 75 Jahre alt, wird nicht das gleiche Schicksal erleiden wie der Altonaer Bahnhof. Mächtig angekratzt durch den S-Bahnbau nach Harburg, macht er in seinem

Jubiläumsjahre einen nicht gerade einladenden Eindruck. Baustellen sind immer häßlich, aber zum Glück vorübergehende Einrichtungen mit dem Ziel, möglichst bald die Sicht für ein anderes, meistens schöneres Bild freizugeben. Beim Hauptbahnhof ist das aber etwas anderes. In Verzahnung mit dem S-Bahnbau waren auch Sanierungsarbeiten vorgesehen. Dabei entdeckten die Ingenieure schwerwiegende Mängel infolge verdeckter Kriegsschäden und Korrosion an der tragenden Konstruktion, die die Standsicherheit des Nordteiles des Empfangsgebäudes stark beeinträchtigen. Nur eine Gesamterneuerung der Wandelhallenbrücke einschließlich der darauf befindlichen Bauten kann den Bestand der Anlage für die Zukunft sichern. Da weder der Zugbetrieb noch der allgemeine Zu- und Abgang der Reisenden wesentlich behindert werden dürfen, wird die Reparatur und der verbesserte Wiederaufbau in drei Abschnitten erfolgen, die insgesamt 10 Jahre dauern werden. Daß dabei die verschiedensten gestalterischen Neuerungen vorgesehen sind, ist selbstverständlich. Erfreulich ist die Tatsache, daß diese Therapie den Hauptbahnhof in seiner äußeren Grundform nicht verändert. Das vertraute Bild und damit ein monumentales Zeichen einer vergangenen Eisenbahnepoche bleibt erhalten. Darinnen aber verbirgt sich eine leistungsstarke und zeitgerechte Verkehrseinrichtung.

Hamburger Hauptbahnhof im Jubiläumsjahr 1981

Literatur

Quellen

Staatsarchiv Hamburg

Außer allen Unterlagen über das hamburgische Eisenbahnwesen (Katalog I 36) wurden benutzt:

CL I Lit NB	Post- und Fuhrwesen
BXXVIc	Die Alstertalbahn

Landesarchiv Schleswig

A XXXIX (Abt 73) Akten der Königlichen Eisenbahnkommission zu Kopenhagen (1835–1848)

Prof. Dr. Walter Hävernick

Aufzeichnungen des Reiseberichts S. 34–36

Nachschlagwerke und Zeitschriften

Archiv für Eisenbahnwesen, Berlin 1931

Deutsche Bauzeitung, Jahrgänge 1906–1912

Die Baujahre, Heft 50, Hamburg 1969

Hamburg und seine Bauten, Jahrgänge 1914 und 1929

Hamburg, historisch-topographische und baugeschichtliche Mitteilungen, Hamburg 1868

Hamburger Adreßbücher von 1800 bis 1907

Organ für die Fortschritte des Eisenbahnwesens, Jahrgänge 1872 bis 1906

Zeitung des Vereins Deutscher Eisenbahn-Verwaltungen, Berlin, Jahrgänge 1864 bis 1900

Bücher und Aufsätze

Alberty: Der Übergang zum Staatsbahnsystem in Preußen. Jena 1911

Borchert/Bornemann: Die betriebliche Konzeption des Rangierbahnhofs Maschen. Die Bundesbahn, Heft 7/77

Hamburgs Vergangenheit und Gegenwart. Hamburg 1896

Hedrich, Otto: Die Entwicklung des schleswig-holsteinischen Eisenbahnwesens. Kiel 1915

Heise, Herbert: Der Rangierbahnhof Maschen – ein wichtiger Beitrag zur Verbesserung der Wettbewerbsfähigkeit der Deutschen Bundesbahn. Die Bundesbahn, Heft 7/77

Heise, Herbert: City-S-Bahn Hamburg, Kernstück einer modernen S-Bahn. Die Bundesbahn, Heft 3/79

Helberg, Walter: Der Bundesbahndirektionsbezirk Hamburg. Die Bundesbahn, Heft 19/1955

Hussong, Hans: Der Intercity-Verkehr der DB. Die Bundesbahn. Heft 17/71

Jubiläumsschriften: 50 Jahre Eisenbahndirektion Altona, 1884–1934
Hundert Jahre deutsche Eisenbahn. Berlin 1935

Meyer-Marwitz, Bernhard: Das Hamburg Buch. Hamburg 1981

Müller, Emil: Über die intendierte Hamburg-Altona und Lübecker Eisenbahn. Leipzig 1835

Der Rangierbahnhof Maschen, Oldenburg 1975

Schalnat, Alfred: Inbetriebnahme des Rangierbahnhofs Maschen. Die Bundesbahn, Heft 7/77

Staisch, Erich: Hamburg und die Eisenbahn. Hamburg 1969

Treutler/Schmidt: Maßnahmen für das neue IC-Produkt. Die Bundesbahn, Heft 4/79

Verg, Erik: Das Abenteuer das Hamburg heißt. Hamburg 1977

Westphal/Grabe: City-S-Bahn für Hamburg. Die Bundesbahn, Heft 3/79

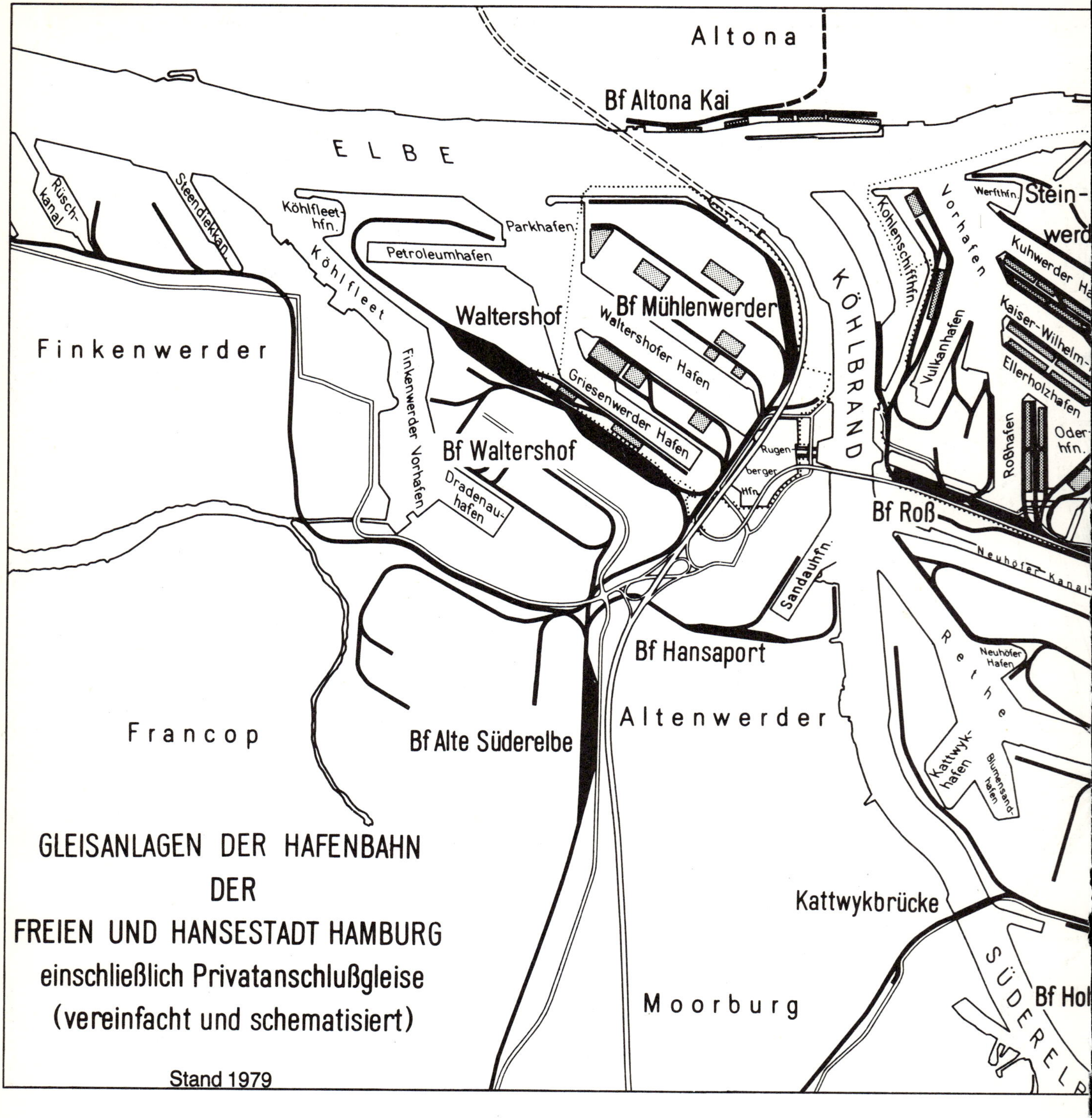
Altona
Bf Altona Kai
ELBE
Rüsch-kanal
Steendiekkan
Köhlfleet-hfn.
Parkhafen
Petroleumhafen
Köhlfleet
Waltershof
Bf Mühlenwerder
Waltershofer Hafen
Griesenwerder Hafen
KÖHLBRAND
Kohlenschiffhfn.
Vorhafen
Werfthfn.
Stein-
werd
Kuhwerder Ha
Kaiser-Wilhelm-
Ellerholzhafen
Vulkanhafen
Roßhafen
Oder-hfn.
Finkenwerder
Finkenwerder Vorhafen
Bf Waltershof
Dradenau-hafen
Rugen-berger Hfn.
Bf Roß
Neuhöfer Kanal
Sandauhfn.
Bf Hansaport
Rethe
Neuhöfer Hafen
Francop
Bf Alte Süderelbe
Altenwerder
Kattwyk-hafen
Blumensand-hafen
Kattwykbrücke
SÜDERELB
Bf Hol
Moorburg
GLEISANLAGEN DER HAFENBAHN
DER
FREIEN UND HANSESTADT HAMBURG
einschließlich Privatanschlußgleise
(vereinfacht und schematisiert)
Stand 1979